中等职业学校教科书

哲学与人生学习辅导

主　编◎王　恩　王雪梅
副主编◎关月梅　马婕姝　张　力

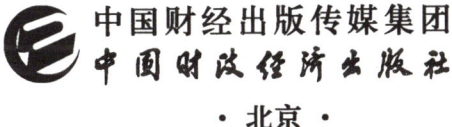

·北京·

图书在版编目(CIP)数据

哲学与人生学习辅导 / 王恩,王雪梅主编. --北京：中国财政经济出版社，2024.8.（2025.9重印）
--ISBN 978-7-5223-3368-7

Ⅰ.B821

中国国家版本馆 CIP 数据核字第 20248UG339 号

责任编辑：蔡 宾　　　　　　　责任校对：张 凡
封面设计：陈宇琰　　　　　　　责任印制：史大鹏

哲学与人生学习辅导
ZHEXUE YU RENSHENG XUEXI FUDAO

中国财政经济出版社 出版

URL：http://www.cfeph.cn
E-mail：cfeph@cfeph.cn

（版权所有　翻印必究）

社址：北京市海淀区阜成路甲28号　邮政编码：100142
营销中心电话：010-88191522　编辑中心电话：010-88190666
天猫网店：中国财政经济出版社旗舰店
网址：https://zgczjjcbs.tmall.com
北京密兴印刷有限公司印刷　各地新华书店经销
成品尺寸：210mm×297mm　16开　11印张　189 000字
2024年8月第1版　2025年9月北京第3次印刷
定价：29.00元
ISBN 978-7-5223-3368-7
（图书出现印装问题，本社负责调换，电话：010-88190548）
本社质量投诉电话：010-88190744
打击盗版举报热线：010-88191661　QQ：2242791300

出版说明

中等职业学校思想政治课教科书《中国特色社会主义》《心理健康与职业生涯》《哲学与人生》《职业道德与法治》由国家教材委员会审核通过，高等教育出版社于2023年8月出版。

为了帮助同学们更好地学习、理解、掌握思想政治课的内容，在教育部国家教材局的指导下，高等教育出版社授权我社出版上述四门思想政治课的学习辅导用书。本套辅导用书以习近平新时代中国特色社会主义思想为指导，以高等教育出版社出版的中等职业学校思想政治课教科书为依据，将理论与实践相结合，从同学们的生活体验出发深入浅出地解读"中国特色社会主义""心理健康与职业生涯""哲学与人生""职业道德与法治"课程内容，引导同学们在学习中体验，在体验中感悟，在感悟中成长，做到将理论知识外化为解决实际问题的能力和本领。

期盼广大师生在使用本套辅导用书的过程中，提出宝贵的意见和建议，我们将集思广益，不断修订完善、提高。

中国财政经济出版社

2024年8月

总　序

"问渠那得清如许？为有源头活水来。"中国特色社会主义进入新时代，新时代催生新思想，新思想指引新征程。为了更好地帮助同学们深入理解并践行中等职业学校思想政治课程，我们编写了与中等职业学校思想政治教科书紧密配套的学习辅导。

本套学习辅导以习近平新时代中国特色社会主义思想为指导，将理论与实践相结合，从同学们的生活体验出发，由具体到抽象，深入浅出地解读"中国特色社会主义""心理健康与职业生涯""哲学与人生""职业道德与法治"课程内容，精心设计了"思维导图""目标点击""自主预习""课堂探究""实训营地""成长回眸""信息资讯"七大板块，引导同学们在活动中体验，在体验中感悟，在感悟中成长，做到将理论知识外化为解决实际问题的能力和本领。

本套学习辅导注重实践性和可操作性，形成自身的鲜明特色，其突出特点体现在：

第一，明确目标定位。我们依据《中等职业学校思想政治课程标准（2020年版）》，瞄准学习目标，在每课的"目标点击""思维导图"板块，通过清晰的目标设定，同学们可以更加明确自己的学习方向。

第二，联动课内课外。我们将思政小课堂与社会大课堂相结合，设计"自主预习""课堂探究""实践营地"板块，实现课前、课中、课后三阶段联动，鼓励同学们在课外积极寻找学习资源，拓宽自己的知识视野。

第三，强化实践体验。我们遵循"基于情境、基于案例、基于生活"原则，每课都围绕议题设计了课堂演练活动，运用经典研读、故事分享、情景展示、主题辩论等方式组织课堂实践。每课都提供了社会实践样本，为充分挖掘地方红色资源，开展志愿服务、理论宣讲、实地调研、人物访谈等实践活动奠定基础，达到学以致用、知行合一的目的。

第四，体现多元评价。在"成长回眸"板块，我们注重同学们自我矫正、自我教育、自我反思，在认知与品质、态度与情感、运用与行动方面，通过自评、互评、师评以及社区、专家、企业评价，促进同学们的全面发展。

第五，打造立体学习辅导。我们充分利用现代信息技术手段，为同学们提供立体化的学习材料。通过扫描二维码，同学们可以观看视频，获取议学单、社会实践任务单等资源，享受更加便捷、高效的学习体验。

同学们，新时代赋予我们新的使命与责任。让我们坚定理想信念，志存高远，脚踏实地，在学习中展现才华，在职业生涯规划中明确方向，在倡议行动中传递正能量，在筑梦演讲中放飞梦想，为实现中华民族伟大复兴贡献青春和力量。

编　者
2024 年 8 月

前　言

在时代的洪流中，哲学的智慧如同明亮的灯塔，照亮我们探索人生之路的方向。《哲学与人生学习辅导》正是为了配合《哲学与人生》教科书而精心编写的供教师、学生学习使用的参考书，旨在通过哲学的智慧，引导中等职业学校学生深入认识世界、理解人生，培养他们的思想政治学科核心素养，为未来的成长与发展奠定坚实的基础。

本书由王恩、王雪梅任主编，负责提出本书的编写大纲、编写理念、编写方法，并负责全书的统稿工作。参与编写的教师均为经验丰富的思想政治学科骨干教师，他们深谙中等职业学校学生的特点和需求，紧密结合《中等职业学校思想政治课程标准（2020年版）》，确保教辅内容的时效性和前瞻性。在编写过程中，我们始终坚持以立德树人为根本任务，注重培养学生的思想政治学科核心素养，帮助他们用哲学的智慧去洞察世界、指导实践。

第一单元内容由吉林省教育学院马婕姝老师、宁波市职业与成人教育学院张盛老师承担；第二单元内容由上海市教师教育学院（上海市教育委员会教学研究室）关月梅老师、上海建设管理职业技术学院杨馥榕老师、上海科技管理学校吕智敏老师承担；第三单元内容由北京教育学院丰台分院王恩老师、北京市丰台区职业教育中心学校张力老师、马司阳老师承担；第四单元由北京铁路电气化学校王雪梅老师、杜悦老师、北京市商业学校扶慧娟老师承担。

在内容方面，本书丰富多彩、实用性强。根据中等职业学校学生的实际情况和学习需求，我们精心设计了目标点击、思维导图、自主预习、课堂探究等多个栏目。全书共设置36组课堂探究活动、12套实践营地项目、24个活动演练实践以及12个供学习参考的案例视频。这些栏目既有助于引导学生深入理解哲学原理，又能培养他们的思辨能力和实践能力。其中，课堂探究部分尤为引人关注，设置了选一选、填一填、议一议等子栏目，旨在通过多样化的活动形式来激发学生的思维活力，让他们在探究中发现问题、解决问题，从而更好地理解和掌握哲学知识；活动演练部分则通过案例分析，训练学生的辩证思维和批判性思维，通过选取一系列贴近学生生活的案例，引导他们用哲学的眼光去分析问题、解决问题，从而提高他们的综合素质和能力水平；实践营地栏目则紧密结合学生的实际生活，将哲学原理融入其中，使哲学变得生动具体、易于理解。通过这个栏目，学生可以更加直观地感受到哲学的魅力，增强对哲学的兴趣和热爱。

除了丰富的教学内容外，本书还注重培养学生的自主学习能力和终身学习的习惯。特别设置了成长回眸栏目，让学生在完成一个阶段的学习后，能够回顾自己的学习历程，总结学习经验，掌握有效的学习方法。同时，也鼓励学生通过信息资讯栏目，了解更多的哲学知识和相关资讯，培养他们的自主学习能力和终身学习的习惯。

在本书的编写过程中，我们始终坚持严谨、科学的态度，力求使每一部分内容都符合学生的认知规律和发展需求；同时，注重与学生的互动和沟通，及时了解他们的学习需求和反馈意见，以便不断改进和完善教辅内容。我们期待通过教师和学生的共同努力，使本书成为每一位中职学生探索世界、认识自我、实现人生价值的良师益友。

由于此次编写工作时间紧、任务重，资料搜索范围大，注释中的遗漏之处恳请原作者原谅。此外，书中难免存在不足和疏漏，欢迎广大师生在使用过程中提供宝贵意见，以便我们进一步完善和提高。

编　者

2024年6月

目　录

第一单元　立足客观实际　树立人生理想

第1课　时代精神的精华 ··· 2
第2课　树立科学的世界观 ··· 15
第3课　追求人生理想 ··· 29

第二单元　辩证看问题　走好人生路

第4课　用联系的观点看问题 ··· 44
第5课　用发展的观点看问题 ··· 57
第6课　用对立统一的观点看问题 ··· 71

第三单元　实践出真知　创新增才干

第7课　实践出真知 ··· 86
第8课　在实践中提高认识能力 ··· 99
第9课　创新增才干 ··· 111

第四单元　坚持唯物史观　在奉献中实现人生价值

第10课　人类社会及其发展规律 ··· 126
第11课　社会历史的主体 ··· 139
第12课　实现人生价值 ··· 153

第一单元

立足客观实际 树立人生理想

第 1 课
时代精神的精华

思维导图

- **第 1 课 时代精神的精华**
  - **哲学的智慧**
    - 哲学的起源——起源于人们在社会实践中对各种根本问题的追问和思考
    - 哲学是世界观和方法论的统一
      - 哲学是关于世界观的理论体系
      - 哲学是系统化的方法论
      - 哲学是世界观和方法论的统一
      - 哲学是对自然、社会和思维认识的概括和总结
  - **马克思主义哲学指引人生路**
    - 马克思主义哲学的使命和特征
      - 使命：实现人的自由而全面的发展和全人类解放
      - 特征：科学性、人民性、实践性、与时俱进
    - 学好用好马克思主义哲学
      - 勤下功夫，真学
      - 融会贯通，真懂
      - 坚定理想，真信
      - 联系实际，真用

 **目标点击**

1. 了解哲学的起源，理解哲学与认识和实践、普通科学的关系，知晓"学习哲学，终身受用"的道理。

2. 了解马克思主义哲学是人类认识史上的革命性变革，理解马克思主义哲学是科学的世界观和方法论，掌握马克思主义哲学的特征和品质，坚定马克思主义信仰和共产主义信念。

3. 认识马克思主义哲学对人生发展的指导意义，掌握学好用好马克思主义哲学的方法，学会在马克思主义哲学的指导下积极参与公共事务。

 自主预习

观看学习强国中的视频《哲学是什么？》思考总议题：为什么马克思主义哲学是我们的看家本领？①

学习感悟

---

① 视频来源：学习强国。

素质训练

选一选

1. 在每个人的成长过程中，人们会自觉或不自觉地思考自己的人生、思考自己和环境的关系、思考周围的人和事情、思考这个世界等，这表明了（　　）。
   A. 学习哲学能帮助我们走向人生成功
   B. 哲学是时代精神的精华
   C. 哲学是以具体科学为基础的
   D. 哲学起源于人们在社会实践中对各种根本问题的追问和思考

2. 有人说："任何真正的哲学都是自己时代精神上的精华"。这种观点（　　）。
   A. 是错误的，哲学智慧是在人们认识世界和改造世界的实践活动中形成的
   B. 是正确的，哲学会随着时代和社会实践的发展而不断变化发展
   C. 是片面的，哲学是对自然、社会和思维知识的概括和总结
   D. 是正确的，哲学是世界观，也是方法论

3. 李大钊曾说："哲学的考察，是就一切事物达到某统一见地，由其见地观察诸般事物的本性及原则者。"下面哪个表述最能体现李大钊这句话的意思（　　）。
   A. 哲学是热爱智慧、追求智慧的学问
   B. 人生处处有哲学，人们总会自觉或不自觉地思考自身以及人与世界的关系
   C. 哲学是系统的方法论，是对自然、社会和思维知识的概括和总结
   D. 哲学起源于人们在实践中的思考

4. 习近平总书记指出，学哲学、用哲学，是我们党的一个好传统。他也多次强调要重视哲学思维、善用哲学方法。之所以要重视哲学，是因为（　　）。
   ①哲学与我们生活、与我们置身其中的自然和社会密切相关
   ②哲学是科学的世界观和方法论的统一
   ③有什么样的方法论就有什么样的世界观
   ④真正的哲学可以使我们更好地认识世界和改造世界
   A. ①③　　　　B. ①④　　　　C. ②③　　　　D. ②④

5. 马克思主义哲学之所以是科学的世界观和方法论，是因为（　　）。

①它继承了费尔巴哈的辩证法思想

②它继承了黑格尔的唯物主义思想

③它正确地反映了世界的本质和规律

④它对具体科学进行了概括和总结

A. ①②　　　　　　　　　　B. ②③

C. ③④　　　　　　　　　　D. ①③

6. 钱学森在1957年发表的《技术科学中方法论问题》一文中提到："在技术科学的研究中，我们把理论和实际要灵活地结合，不能刻板行事。我想这个灵活地结合理论与实际也就是辩证唯物主义的真髓了。"这句话很好地体现了（　　）。

A. 哲学为具体科学研究提供了世界观和方法论的指导，具体科学的研究活动都是自觉或不自觉地在一定世界观和方法论的指导下进行的

B. 人类的哲学思想源远流长

C. 马克思主义哲学是一个逻辑严密的有机整体

D. 马克思主义哲学科学预见和指明了人类社会的前进方向

7. 习近平总书记在纪念马克思诞辰200周年大会上发表的重要讲话中指出，在人类思想史上，没有一种思想理论像马克思主义那样对人类产生了如此广泛而深刻的影响。马克思主义极大地推进了人类文明进程，至今依然是具有重大国际影响的思想体系和话语体系。马克思主义对人类文明发展的深远影响，是因为它（　　）。

①站在人民的立场探求人类解放的道理

②全盘吸收了黑格尔等哲学家的哲学思想

③提供了解决社会问题的现成方案

④科学预见和指明了人类社会的前进方向

A. ①②　　　　　　　　　　B. ①④

C. ②③　　　　　　　　　　D. ③④

8. 习近平总书记指出，马克思哲学是指导我们共产党人前进的强大思想武器。全党都要加强对马克思主义哲学的学习和运用，提高运用马克思主义立场、观点、方法分析和解决问题的能力。下列关于马克思主义哲学认识正确的是（　　）。

A. 具有与时俱进的理论品质，保证了社会主义建设取得胜利

B. 具有人民性，第一次站在人民的立场探求人类解放的道路

C. 决定了人类社会的存在和发展

D. 为无产阶级和广大劳动群众争取自由解放的斗争提供了物质力量

9. 党的二十大报告指出，不断谱写马克思主义中国化时代化新篇章，是当代中国共产党人的庄严历史责任。继续推进实践基础上的理论创新，首先要把握好新时代中国特色社会主义思想的世界观和方法论，坚持好、运用好贯穿其中的立场观点方法。这是因为习近平新时代中国特色社会主义思想（　　）。

①是对马克思主义理论的继承和发展

②坚持了马克思主义的世界观和方法论

③是马克思主义中国化的全部理论成果

④是指导中国革命取得胜利的正确理论

A. ①②　　　　　　　　　　　　　B. ①③

C. ②④　　　　　　　　　　　　　D. ③④

10. "为中国人民谋幸福，为中华民族谋复兴"是中国共产党人的初心和使命，也是习近平新时代中国特色社会主义思想体现马克思主义哲学中的哪个特性？（　　）

A. 科学性　　　　　　　　　　　　B. 与时俱进

C. 人民性　　　　　　　　　　　　D. 实践性

填一填

1. 请同学们阅读教材，完成填空学习内容

（1）人们对整个世界的总的看法和根本观点就是_____。

（2）哲学是_____和_____的统一。

（3）马克思主义哲学具有科学性、_____、实践性和_____。

（4）马克思主义哲学是一个_____，正确地反映了世界的_____和_____。

（5）中国共产党为什么能，中国特色社会主义为什么好，归根到底是_____行，是_____的马克思主义行。

2. 世界观与方法论

	世界观	方法论
内涵		
联系		

3. 哲学与具体科学

	哲学	具体科学
内涵		
联系		

议一议

1. 丹麦哥本哈根大学教授奥斯特（H. C. Orsted，1777—1851）在研究电流磁效应的过程中，受到了德国自然哲学家谢林的哲学思想的影响，赞同"所有的自然力是由同一原因引起的"，坚信电力和磁力有着同一性，决心找到电力和磁力之间的联系。他一次次用实验检验他的猜测，最终发现电流磁效应。这一伟大发现对电磁学的发展产生了深远影响，为电磁学理论的建立奠定了基础。美国科学史家斯泰福在评论这一发现时说："奥斯特从谢林的'美妙而伟大的思想'和从一般自然哲学原理所接受的激励，以及里特尔的实验和思考的双重影响，应该被承认是物理学中这个重要发现的因素。"

请结合以上材料，议一议哲学与具体科学的关系。

2. 有人说思想需根植于时代的土壤，才能引领社会的发展。学习马克思主义哲学，必须结合中国特色社会主义发展的时代要求，并能结合青年一代自身最关切的成长需求。

请结合自身的实际，谈谈你将如何学好用好马克思主义哲学。

活动演练

做一做

生活处处有哲学，在面对困难挫折时，在人际互动中，在追求幸福和满足感的过程中，在面临决策的时候，在迎接挑战的时候……哲学无处不在，请结合第一节课的收获，带着对哲学的初识体验，去成语中寻找并分析一下其中蕴含的哲学原理。

◎ 围绕分议题"为什么说马克思主义哲学是科学的世界观和方法论？"，请寻找成语哲学故事，做好记录并在班级中分享。

成语哲理故事

序号	成语	我感受到的哲学
1		
2		
3		

说一说

◎ 围绕分议题"马克思主义哲学对人生发展有什么指导意义?",全面搜集马克思相关资料,如马克思的生平轶事、求学经历、职场工作、著作研究、哲学思想、革命斗争等,选择角度,梳理资料,形成公众号推文,向学校公众号投稿。

公众号发布稿

 **实践营地**

社会实践任务单

班级		小组成员		组长	
实践项目		实践方法		时间	
实践目的					
实践准备					

实践内容

社会实践体会

评价维度	评价要求	配分	得分
政治认同	坚持马克思主义世界观和方法论，领会中国特色社会主义理论体系，特别是习近平新时代中国特色社会主义思想，增进对伟大祖国、中华民族、中华文化、中国共产党、中国特色社会主义的认同，坚持社会主义核心价值体系，自觉培育和践行社会主义核心价值观	20	
职业精神	具有积极劳动态度和良好劳动习惯，具有正确职业理想、科学职业观念、良好职业道德和职业行为，具备理性思维、批判质疑、勇于探究的科学精神，能够正确认识和处理社会发展与个人成长的关系，并作出正确价值判断和行为选择，在社会实践中增长才干	20	
法治意识	具有社会主义法治观念、正确的权利义务观念，尊法学法守法用法，维护宪法尊严，自觉参与社会主义法治国家建设	20	
健全人格	具有积极心理品质和自尊自信、理性平和、积极向上的心态，能自我调节和管理情绪，做到自立自强、坚韧乐观，提高心理健康水平和职业心理素质	20	
公共参与	具有主人翁意识，坚持以人民为中心，能够有序参与公共事务、积极承担社会责任	20	
合计		100	

 **成长回眸**

我的认识：

我的提升：

我的行动：

本课评价：

评价维度	内　容	得分			
		自我评价	组长评价	生生评价	老师评价
认知与品质 （30分）	了解哲学的起源，理解哲学与认识和实践、普通科学的关系，知晓"学习哲学，终身受用"的道理				
态度与情感 （30分）	了解马克思主义哲学是人类认识史上的革命性变革，理解马克思主义哲学是科学的世界观和方法论，掌握马克思主义哲学的特征和品质，坚定马克思主义信仰和共产主义信念				
运用与行动 （40分）	认识马克思主义哲学对人生发展的指导意义，掌握学好用好马克思主义哲学的方法，学会在马克思主义哲学的指导下积极参与公共事务				
合计					

自我评价：优秀（90－100分）　　良好（75－89分）　　合格（60－74分）　　待提高（0－59分）

组长评价：优秀（90－100分）　　良好（75－89分）　　合格（60－74分）　　待提高（0－59分）

生生评价：优秀（90－100分）　　良好（75－89分）　　合格（60－74分）　　待提高（0－59分）

老师评价：优秀（90－100分）　　良好（75－89分）　　合格（60－74分）　　待提高（0－59分）

校外寄语：_____

信息资讯

习言习语

马克思主义是我们立党立国、兴党兴国的根本指导思想。毫不动摇坚持、与时俱进发展马克思主义，大力推进实践基础上的理论创新，自觉用中国化时代化的马克思主义指导新的实践，是我们党把握历史主动、紧跟时代步伐、不断开创事业发展新局面的成功之道。

——2023 年 12 月 26 日习近平在纪念毛泽东同志诞辰 130 周年座谈会上的讲话

回顾党的百年奋斗史，我们党之所以能够在革命、建设、改革各个历史时期取得重大成就，能够领导人民完成中国其他政治力量不可能完成的艰巨任务，根本在于掌握了马克思主义科学理论，并不断结合新的实际推进理论创新，使党掌握了强大的真理力量。

——2023 年 10 月 16 日习近平《求是》（第 20 期）发表署名文章《开辟马克思主义中国化时代化新境界》

党中央对教育工作高度重视，对思想政治工作、意识形态工作高度重视，始终坚持马克思主义指导地位，大力推进中国特色社会主义学科体系建设，为思政课建设提供了根本保证。

——2020 年 8 月 31 日习近平在《求是》发表文章《思政课是落实立德树人根本任务的关键课程》

马克思主义理论的科学性和革命性源于辩证唯物主义和历史唯物主义的科学世界观和方法论，为我们认识世界、改造世界提供了强大思想武器，为世界社会主义指明了正确前进方向。

——2018 年 4 月 23 日习近平在十九届中共中央政治局第五次集体学习发言

发展中国特色社会主义文化，就是以马克思主义为指导，坚守中华文化立场，立足当代中国现实，结合当今时代条件，发展面向现代化、面向世界、面向未来的，民族的科学的大众的社会主义文化，推动社会主义精神文明和物质文明协调发展。

——2017 年 10 月 18 日习近平同志在中国共产党第十九次全国代表大会上的报告

> **推荐网站**
>
> 1. 马克思主义研究网，网址：http://marxism.cass.cn/。
> 2. 马克思主义研究数据库，网址：https://marxism.ssap.com.cn/。

第 2 课 树立科学的世界观

思维导图

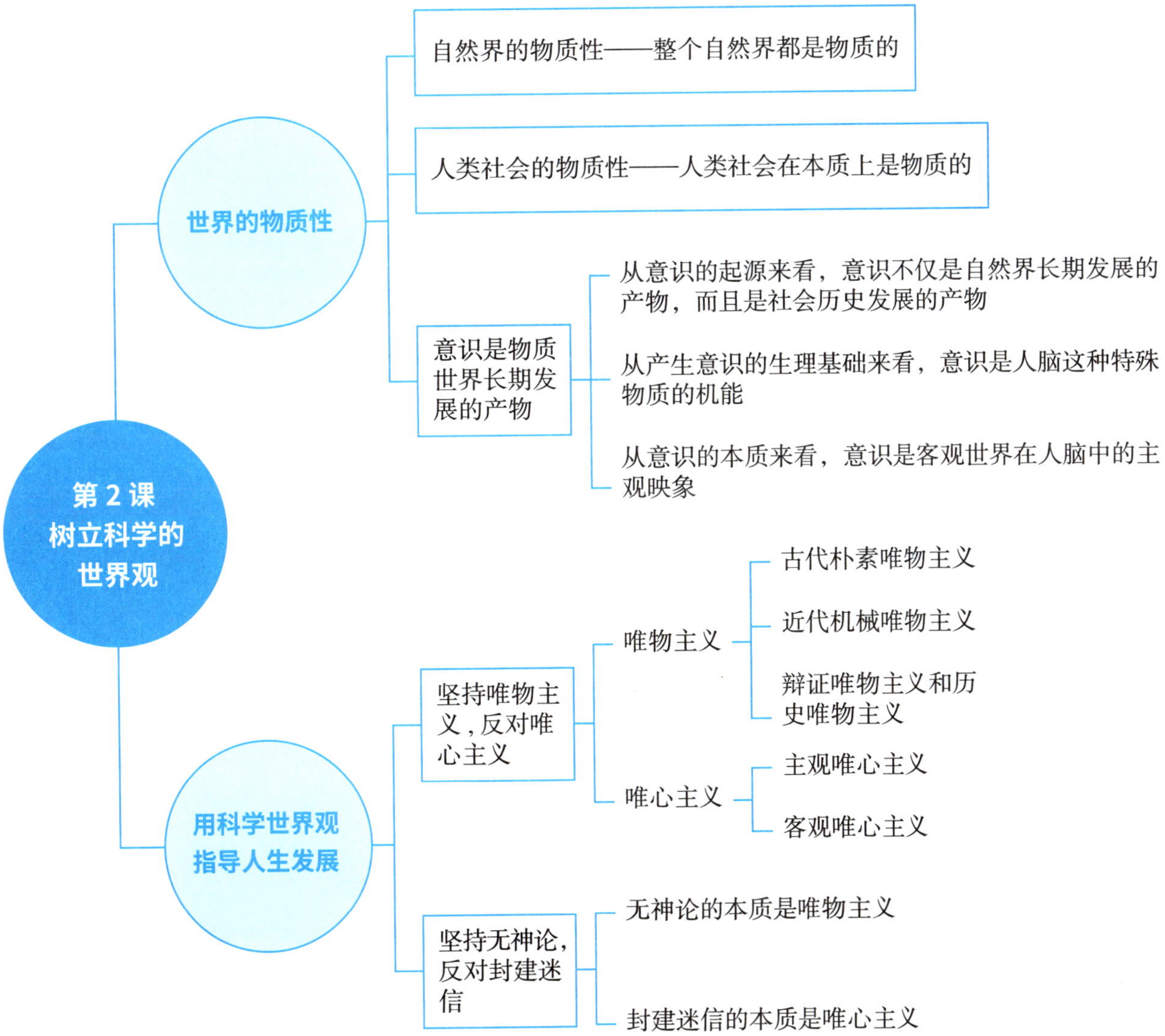

- 第 2 课 树立科学的世界观
  - 世界的物质性
    - 自然界的物质性——整个自然界都是物质的
    - 人类社会的物质性——人类社会在本质上是物质的
    - 意识是物质世界长期发展的产物
      - 从意识的起源来看，意识不仅是自然界长期发展的产物，而且是社会历史发展的产物
      - 从产生意识的生理基础来看，意识是人脑这种特殊物质的机能
      - 从意识的本质来看，意识是客观世界在人脑中的主观映象
  - 用科学世界观指导人生发展
    - 坚持唯物主义，反对唯心主义
      - 唯物主义
        - 古代朴素唯物主义
        - 近代机械唯物主义
        - 辩证唯物主义和历史唯物主义
      - 唯心主义
        - 主观唯心主义
        - 客观唯心主义
    - 坚持无神论，反对封建迷信
      - 无神论的本质是唯物主义
      - 封建迷信的本质是唯心主义

 **目标点击**

1. 理解世界统一于物质的原理。
2. 了解唯物主义与唯心主义的对立，学会用科学世界观指导人生发展。
3. 相信科学、学习科学、传播科学，注意抵制宗教观念以及各种有神论的影响。

 **自主预习**

观看视频《世界的真正统一性在于什么？》，思考总议题：为什么说"世界的统一性在于它的物质性"？[①]

学习感悟

[①] 视频来源：https：//www.bilibili.com/video/BV1zN4y177xt/，时长4分52秒。

课堂探究

素质训练

选一选

1. 物质的唯一特性是客观实在性，"客观实在"是指（　　）。
   A. 人类能够实在感知的自然事物
   B. 物质的具体形态和具体结构
   C. 存在于人的意识之外，不以人的意志为转移
   D. 看得见、摸得着的实物

2. 世界在本质上是一个客观的物质的世界。以下对该观点具有支撑作用的是（　　）。
   ①自然界是客观的、物质的，不以人的意志为转移
   ②人类社会是客观的、物质的，与人的意识活动无关
   ③人的思维是客观的、物质的，都是对物质世界的反映
   ④人的意识从起源、生理基础和内容上看，都是由物质决定的
   A. ①③　　　　B. ②④　　　　C. ①④　　　　D. ②③

3. 下列哪个选项最直接地体现了劳动是整个人类生活的第一个基本条件？（　　）
   A. 人类通过劳动创造了工具，从而改变了自然界
   B. 劳动促进了人类社会的分工和合作
   C. 劳动使人类从动物界分化出来，成为地球的主宰
   D. 劳动是人类获取知识的主要途径

4. 人工智能是否能具有人类意识的问题目前还没有定论，但根据目前的科技水平和对意识的理解，以下哪项陈述最符合主流科学观点？（　　）
   A. 人工智能已经完全具有人类意识
   B. 人工智能在未来可能会具有人类意识
   C. 人工智能无法具有人类意识
   D. 人工智能已经部分具有人类意识

5. 唯物主义和唯心主义这两个专门的哲学术语有着特定的含义和确定的标准，不能随意乱用，也不能另立标准，否则会造成混乱。这里所说的特定含义和确定标准是指（　　）。

A. 对世界本源究竟是物质还是精神的回答

B. 对存在和思维是否具有同一性的回答

C. 对社会存在与社会意识关系的回答

D. 对世界是怎样存在的问题的回答

6. 下列哪个成语或俗语体现了唯物主义的观点？（   ）

    A. 心如止水　　　　B. 心想事成　　　　C. 实事求是　　　　D. 画饼充饥

7. 刘谦在2024年春晚的舞台上演示了一项魔术，他轻轻拿起一只透明的玻璃杯，里面原本空无一物，但在观众眨眼的瞬间，玻璃杯中竟然出现了一朵朵绚丽的玫瑰，这一幕仿佛魔法般令人惊叹。意念移物的魔术通常是一种心理幻术，表演者会利用观众的注意力分散和心理暗示来制造物体似乎被意念控制的错觉。相信"意念移物"，甚至相信可以用意念使物品凭空出现，就是信奉（   ）。

    A. 主张精神主宰客观物质世界的主观唯心论

    B. 主张精神是脱离人脑独立存在的客观唯心论

    C. 认为人的思想是特殊物质的机械唯物主义

    D. 认为人具有主观能动性的实践唯物主义

8. 封建迷信是传统文化的糟粕，是与社会主义核心价值观相对立的歪门邪说。下列对封建迷信活动认识正确的有（   ）。

  ①封建迷信活动有一定的道理，是唯心主义世界观的表现

  ②是主观唯心主义世界观的表现

  ③是客观唯心主义世界观的表现

  ④给人们的思想、工作、生活都带来极大的危害

    A. ①②　　　　　　B. ②③　　　　　　C. ③④　　　　　　D. ①④

9. 近年来，随着网络信息的普及，一些封建迷信思想也趁机传播。例如，有一种名为"转运珠"的物品，声称可以带来好运和财富。许多人被其吸引，花费大量金钱购买。但实际上，这种转运珠并没有任何科学依据，完全是一种迷信行为。为了抵制这种封建迷信思想，广大群众应该自觉用科学知识武装头脑，理性看待问题，不盲目相信和传播未经证实的信息。只有这样，才能避免上当受骗，维护自己的权益和尊严。在讲科学、讲文明的今天，广大群众要自觉用科学知识武装头脑，坚定信仰马克思主义辩证唯物主义和历史唯物主义，这是因为（   ）。

①马克思主义哲学是科学的世界观和方法论

②马克思主义哲学能指导我们正确地认识和改造世界

③马克思主义哲学为我们提供了解决一切问题的具体办法

④马克思主义哲学可以帮助我们树立正确的世界观、人生观和价值观

A. ①②③　　　B. ②③④　　　C. ①③④　　　D. ①②④

10. 李华热爱计算机科学，选择了人工智能专业就读。毕业后，他加入一家互联网公司，研发智能算法，取得了商业成功。然而，他深感自己的工作缺乏社会意义。于是，他决定创立自己的初创企业，专注于人工智能在医疗领域的应用。创业过程中困难重重，但他坚定信念，最终成功研发出一款医疗辅助诊断系统，帮助医生更准确地诊断疾病。从世界物质统一性原理的角度来看，选择职业既要从实际出发，也要追求远大理想，这是因为（　　）。

①世界物质统一性原理告诉我们，世界的一切都是物质的，包括我们的职业选择

②物质决定意识，物质是第一性的，意识是第二性的，因此要从实际出发

③只要有追求远大理想的强大信念，就能进行正确的职业选择

④意识对物质具有能动作用，意识是人脑对客观存在的反映，因此要追求远大理想

A. ①②③　　　B. ②③④　　　C. ①③④　　　D. ①②④

填一填

1. 请同学们阅读教材，完成填空学习内容

（1）物质的唯一特性是_____。

（2）劳动的作用是：_____。正如恩格斯所指出的，劳动是_____。

（3）意识是物质世界长期发展的产物，这是因为：从意识起源来看，_____；从产生意识的生理基础来看，_____；从意识的本质来看_____。

（4）世界是_____的世界，世界的真正统一性在于它的_____，我们应当自觉坚持_____原理。

（5）用科学世界观指导人生发展要求我们坚持_____，反对_____；坚持_____，反对_____。

2. 物质与意识

	物质	意识
含义		
产生顺序		
存在方式		
联系		

3. 唯物主义与唯心主义

	基本观点	基本形态及主要观点
唯物主义		
唯心主义		

第2课 树立科学的世界观

> 议一议

1. 一款名叫ChatGPT的人工智能聊天系统就像平地起春雷，突然刷爆网络，多个话题冲上热搜。原来，ChatGPT是人工智能技术驱动的自然语言处理工具，它能够基于在预训练阶段所见的模式和统计规律来生成回答，还能根据聊天的上下文进行互动，真正像人类一样来聊天交流，甚至能完成撰写论文、邮件、脚本、文案、翻译、代码等任务，可谓"上知天文，下知地理"。

请结合以上材料，议一议人工智能能否具有人类意识？结合所学知识，说说意识是如何产生的。

2.《中华人民共和国刑法》第三百条规定:"组织、利用会道门、邪教组织或者利用迷信破坏国家法律、行政法规实施的,处三年以上七年以下有期徒刑,并处罚金;情节特别严重的,处七年以上有期徒刑或者无期徒刑,并处罚或者没收财产。"

封建迷信活动本质上反映的是唯心主义还是唯物主义?结合材料和生活实际,说说封建迷信活动有哪些危害,作为中职生的你如何自觉抵制封建迷信活动。

活动演练

做一做

在这个数字化浪潮汹涌澎湃的时代，人工智能（AI）如同一颗冉冉升起的新星，以其惊人的计算速度和数据处理能力，挑战着我们对智慧的传统认知。它们在棋盘上战胜了世界冠军，在医疗领域诊断疾病，甚至在艺术创作中展现出不凡的才华。然而，这一切是否意味着机器已经超越了人类的智慧？或者，这仅仅是人类智慧的一种延伸和拓展？

◎ 围绕分议题"为什么说人类社会是物质世界长期发展的产物？"，举办一场以"人工智能 vs 人类智慧"为主题的沙龙活动，进行关于未来智慧边界的深刻对话。

发言材料提纲

> 说一说

当今世界,科学文化不断发展,除了祭祀、占卜、巫术、符咒等传统封建迷信活动外,还衍生了电脑算命等新型网络封建迷信活动。为了使广大人民群众了解封建迷信活动危害,远离和抵制这些活动,很多艺术作品以讽刺和批评封建迷信活动为创作内容,脍炙人口,起到了普法宣传的积极作用。

◎ 围绕分议题"为什么坚持无神论?",观察日常生活中违背科学的行为或活动,以"抵制封建迷信"为主题,分组创作相声或者快板词并进行表演。

创作相声快板

 **实践营地**

社会实践任务单

班级		小组成员		组长	
实践项目		实践方法		时间	

实践目的	
实践准备	

实践内容

社会实践体会

评价维度	评价要求	配分	得分
政治认同	坚持马克思主义世界观和方法论，领会中国特色社会主义理论体系，特别是习近平新时代中国特色社会主义思想，增进对伟大祖国、中华民族、中华文化、中国共产党、中国特色社会主义的认同，坚持社会主义核心价值体系，自觉培育和践行社会主义核心价值观	20	
职业精神	具有积极劳动态度和良好劳动习惯，具有正确职业理想、科学职业观念、良好职业道德和职业行为，具备理性思维、批判质疑、勇于探究的科学精神，能够正确认识和处理社会发展与个人成长的关系，并作出正确价值判断和行为选择，在社会实践中增长才干	20	
法治意识	具有社会主义法治观念、正确的权利义务观念，尊法学法守法用法，维护宪法尊严，自觉参与社会主义法治国家建设	20	
健全人格	具有积极心理品质和自尊自信、理性平和、积极向上的心态，能自我调节和管理情绪，做到自立自强、坚韧乐观，提高心理健康水平和职业心理素质	20	
公共参与	具有主人翁意识，坚持以人民为中心，能够有序参与公共事务、积极承担社会责任	20	
合计		100	

成长回眸

我的认识：

我的提升：

我的行动：

本课评价：

评价维度	内　容	得分			
		自我评价	组长评价	生生评价	老师评价
认知与品质（30分）	理解世界统一于物质的原理				
态度与情感（30分）	了解唯物主义与唯心主义的对立，学会用科学世界观指导人生发展				
运用与行动（40分）	相信科学、学习科学、传播科学，注意抵制宗教观念以及各种有神论的影响				
合计					

自我评价：优秀(90－100分)　　良好(75－89分)　　合格(60－74分)　　待提高(0－59分)

组长评价：优秀(90－100分)　　良好(75－89分)　　合格(60－74分)　　待提高(0－59分)

生生评价：优秀(90－100分)　　良好(75－89分)　　合格(60－74分)　　待提高(0－59分)

老师评价：优秀(90－100分)　　良好(75－89分)　　合格(60－74分)　　待提高(0－59分)

校外寄语：＿＿＿＿＿＿＿＿＿＿＿＿＿＿＿＿＿＿＿＿＿＿＿＿＿＿＿＿＿＿＿＿＿＿＿

信息资讯

习言习语

毛泽东同志把辩证唯物主义和历史唯物主义运用于无产阶级政党的全部工作，在中国革命和建设的长期艰苦斗争中形成了具有中国共产党人鲜明特色的立场、观点、方法，体现为实事求是、群众路线、独立自主三个基本方面。这是毛泽东思想活的灵魂。毛泽东思想是我们党的宝贵精神财富，将长期指导我们的行动。毛泽东同志用马克思主义之"矢"射中国具体实际之"的"的伟大实践，为我们正确对待马克思主义、不断推进马克思主义中国化时代化提供了光辉典范。

——2023年12月26日习近平在纪念毛泽东同志诞辰130周年座谈会上的讲话

我们要坚持人民是创造历史根本动力的历史唯物主义基本观点，坚持人民主体地位，充分尊重人民所表达的意愿、所创造的经验、所拥有的权利、所发挥的作用，把维护好、实现好、发展好最广大人民根本利益作为一切工作的出发点和落脚点，让现代化建设成果更多更公平惠及全体人民。

——2023年12月26日习近平在纪念毛泽东同志诞辰130周年座谈会上的讲话

要深入推进平安乡村建设，严厉打击把持基层政权、操纵破坏基层换届选举、侵吞集体资产等违法犯罪活动，依法制止利用宗教、邪教干预农村公共事务。要用好现代信息技术，创新乡村治理方式，提高乡村善治水平。

——2022年3月31日《求是》发表习近平署名文章《坚持把解决好"三农"问题作为全党工作重中之重，举全党全社会之力推动乡村振兴》

希望国史学会深入学习贯彻党的二十大精神，坚持正确政治方向，坚持历史唯物主义，以马克思主义中国化时代化最新成果为指导，进一步团结全国广大国史研究工作者，牢牢把握国史的主题主线、主流本质，不断提高研究水平，创新宣传方式，加强教育引导，激励人们坚定历史自信、增强历史主动，更好凝聚团结奋斗的精神力量，为全面建设社会主义现代化国家、全面推进中华民族伟大复兴作出新贡献。

——2022年12月8日习近平致信祝贺国史学会成立30周年

希望广大劳动群众大力弘扬劳模精神、劳动精神、工匠精神，诚实劳动、勤勉工作，锐意创新、敢为人先，依靠劳动创造扎实推进中国式现代化，在强国建设、民族复兴的新征程上充分发挥主力军作用。

——2021年5月1日在"五一"国际劳动节到来之际，习近平向全国广大劳动群众致以节日的祝贺和诚挚的慰问

推荐网站

1. 中国社会科学网，网址：https://www.cssn.cn/。
2. 科学网，网址：https://www.sciencenet.cn/。

第 3 课
追求人生理想

思维导图

- 第 3 课 追求人生理想
  - 坚持客观规律性与主观能动性的辩证统一
    - 规律是客观的——物质是运动的——物质运动具有客观规律性
    - 人具有主观能动性
      - 含义：人能够自觉地、有目的地、有计划地作用于客观世界，这就是人的主观能动性，亦称自觉能动性
      - 表现：①人既可以能动地认识世界，把握规律，又可以利用规律，能动地改造世界，以满足自身的需要 ②在认识世界和改造世界的过程中所具有的精神状态，如理想、信念、决心、意志、干劲等
    - 坚持一切从实际出发，实事求是
      - 必须尊重客观规律
      - 要正确发挥主观能动性
      - 要做到尊重客观规律与正确发挥主观能动性相统一
  - 努力把人生理想变为现实
    - 正确把握理想与现实的辩证关系
      - 理想源于现实又高于现实
      - 实现理想要脚踏实地
    - 正确把握个人理想与社会理想的关系
      - 个人理想以社会理想为指引
      - 社会理想是个人理想的凝练和升华

目标点击

1. 懂得客观规律性和主观能动性的辩证关系。

2. 探讨尊重客观规律与发挥主观能动性的辩证关系，积极发觉自我潜力，增强自信自强意识。

3. 做到一切从实际出发、实事求是，奋发图强，开拓进取。

自主预习

观看视频《青年在选择职业时的考虑》，思考总议题：选择职业为什么既要从实际出发又要追求远大理想？①

学习感悟

---

① 视频来源：https：//www.xuexi.cn/local/normalTemplate.html？itemId=1628322762661104422，时长8分10秒。

课堂探究

素质训练

选一选

1. 下面关于物质与运动的关系说法正确的是（　　）。
   A. 运动是物质的唯一特性
   B. 思维运动的主体是精神
   C. 动中有静，静中有动
   D. 运动是物质的根本属性和存在方式

2. 东非大裂谷是世界大陆上最大的断裂带，从卫星照片上看去犹如一道巨大的伤疤。东非大裂谷素有"地球伤疤"之称。据测量，大裂谷每年以几毫米到几十毫米的速度加宽，科学家预言如果按这样的速度继续发展，两亿年后，它将撕裂成一个新的大洲。这从一个角度表明（　　）。
   ①运动是物质的唯一特性　　②物质是运动的物质
   ③运动是物质的存在方式　　④运动是物质的载体
   A. ①②　　B. ①④　　C. ②③　　D. ③④

3. 著名的北京国家大剧院，在设计阶段就经历了长时间的规划和讨论。设计师提出的设计方案经过多次修改和完善，确保了其独特的椭圆形外观与周围环境的和谐统一。在施工阶段，工程师们严格按照设计图纸进行施工，使用高质量的建筑材料和先进的施工技术，保证了国家大剧院的建筑质量和艺术价值。因此，在建筑工程领域，遵循"先设计，后施工"的原则是至关重要的。这个事实说明（　　）。
   A. 意识具有能动作用
   B. 意识对物质有决定作用
   C. 先有意识，后有物质
   D. 设计构思是工程师头脑自生的

4. "月有阴晴圆缺，人有悲欢离合，此事古难全。"这说明（　　）。
   A. 自然界和人类社会都是有规律的
   B. 自然界和人类社会遵循同样的规律
   C. 自然规律和社会规律都是古今不变的
   D. 自然现象和社会现象都是循环往复的

5. 近几年，徒步、登山和骑行等体育旅游项目越来越受到人们的欢迎，这些项目既充满活力又新鲜刺激，既放松精神又锻炼身体，但并不是人人都适合的。从材料中可以看出，对参与者而言最重要的是（　　）。
   A. 充分发挥主观能动性，突破体能局限
   B. 坚持从实际出发，理性评估自身状况

C. 认识潜在的优势，抓住时机赢得胜利　　D. 劳逸结合，做到运动与休息相互协调

6. 改革开放初期，中国面临着经济发展滞后、技术设备陈旧等诸多问题。在此背景下，邓小平提出了"实践是检验真理的唯一标准"的观点，并强调要一切从实际出发，实事求是。在这一思想指导下，中国开始实施一系列改革措施，如农村家庭联产承包责任制的推行、经济特区的设立等，这些都是基于中国当时的国情和实际需求制定的。这些改革极大地激发了市场活力和社会创造力，推动了中国经济的快速增长。根据以上事实，下列哪项最能体现"一切从实际出发"（　　）。

   A. 坚持计划经济体制不变　　　　　　B. 盲目模仿外国模式

   C. 根据国情调整经济政策　　　　　　D. 忽视国内市场需求

7. 中国科学院院士、植物生理学家谢华安长期从事水稻遗传育种研究，他主持培育的水稻新品种"超级杂交稻"，不仅产量高，而且抗病性强、适应性广，深受农民喜爱。这种新品种的推广应用，大大提高了农民的收入，也为国家的粮食安全做出了重要贡献。谢华安的事迹说明（　　）。

   A. 专家正在成为农村经济发展的主体力量

   B. 充分发挥主观能动性就能促进农村经济发展

   C. 一个地方的自然条件对经济发展起决定作用

   D. 科学家正确发挥主观能动性，能动地改造世界，进而推动社会经济发展

8. "理想好比泥土中生长出来的花，它虽生长在泥土中，但又不是泥土。"这一形象的比喻表明（　　）。

   A. 理想与现实是两回事　　　　　　　B. 理想是美丽的，现实是丑恶的

   C. 理想来源于现实，但又高于现实　　D. 理想和现实在一定条件下相互转化

9. 在2023年新年贺词中，习近平主席引用了苏轼的一句话："犯其至难而图其至远"，意思是说"向最难之处攻坚，追求最远大的目标"。路虽远，行则将至；事虽难，做则必成。这告诉我们（　　）。

   ①勇于实践是理想变为现实存在的根本路径，只有苦干实干才能创造出新的辉煌

   ②事物发展总趋势是前进性与曲折性的统一，要直面挑战做好走曲折道路的准备

   ③发挥主观能动性是事业成功的重要因素，逐梦前行需要攻坚克难的勇气和智慧

   ④主要矛盾的主要方面决定事物的性质，向最艰难之处攻坚有助于实现远大目标

   A. ①③　　　　B. ①④　　　　C. ②③　　　　D. ②④

10. 在中国革命、建设和改革的各个历史时期，无数共产党员将共产主义理想作为自己毕生的追求，并为此付出了巨大的努力。在中国共产党领导的抗日战争和解放战争期间，许多共产党员和普通战士为了民族的独立和人民的解放，英勇斗争，不怕牺牲；新中国成立后，共产党人继续为实现社会主义现代化而努力工作。他们中有科学家、工程师、教师、医生、工人和农民，都在各自的岗位上为国家的发展贡献力量；改革开放以来，中国共产党带领全国人民进行经济体制改革和社会全面进步，共产党员在这一过程中发挥了重要作用。他们推动科技创新，促进经济发展，参与扶贫工作，提高人民生活水平，为实现中华民族的伟大复兴而不懈奋斗。以上材料体现了个人理想与社会理想的关系是（　　）。

    A. 个人理想与社会理想是相互对立的

    B. 个人理想可以完全服从社会理想

    C. 个人理想与社会理想是相互独立的

    D. 个人理想与社会理想是辩证统一的，个人的最高理想应与社会的最终目标相一致

填一填

1. 请同学们阅读教材，完成填空学习内容

    (1) 物质是＿＿＿＿。运动是物质的＿＿＿＿和＿＿＿＿。运动是＿＿＿＿＿＿，而静止是＿＿＿＿＿＿。物质运动具有＿＿＿＿。

    (2) 规律的含义及性质。规律是＿＿＿＿＿＿＿＿＿＿；规律具有＿＿＿＿和＿＿＿＿。

    (3) 主观能动的含义及表现。主观能动性亦称＿＿＿＿，是指＿＿＿＿＿＿＿＿＿＿。人的主观能动性表现为＿＿＿＿＿＿＿＿＿＿；还表现为＿＿＿＿＿＿＿＿＿＿。

    (4) 一切从实际出发，实事求是，要求我们＿＿＿＿＿＿＿＿＿＿；＿＿＿＿＿＿＿＿＿＿；＿＿＿＿＿＿＿＿＿＿。

    (5) 理想是＿＿＿＿＿＿＿＿＿＿。
    个人理想是指＿＿＿＿＿＿＿＿＿＿。
    社会理想是指＿＿＿＿＿＿＿＿＿＿。

2. 客观规律与主观能动性

	客观规律性	主观能动性
定义		
本质		
表现形式		
作用		
关系		

3. 个人理想与社会理想

	个人理想	社会理想
定义		
性质		
作用		
关系		

第3课　追求人生理想

> **议一议**

1. 在生活中，我们需要遵循客观规律的例子非常多。例如，农民伯伯们种植庄稼时，他们会根据季节的变化和天气情况来安排农事活动，如春耕夏耘秋收冬藏，这就是遵循了大自然的生长规律；人们在进行体育锻炼时，应该根据自己的身体状况选择合适的运动项目和强度，如果过度追求高强度训练，可能会超出身体承受能力，导致受伤或其他健康问题。随着时代发展，人们通过不断掌握客观规律不断改造我们生活的世界，比如农民伯伯已经可以种植反季节蔬菜，培育耐寒、耐高温优良作物，运动员们不断突破身体极限取得更快更好的成绩。可见，在工作和学习中，我们必须遵循一定的客观规律，但同时也要充分发挥主观能动性。

请结合以上材料，从生活实际出发，说一说我们为什么要遵循客观规律，在此基础上如何发挥主观能动性。

2. 习近平 15 岁起赴陕西延川县梁家河插队,历经七年艰苦生活与劳作。这段知青岁月深刻塑造了他的世界观、价值观和人生观。他乐观面对困境,勤学不辍,广泛阅读,同时积极参与农事,助力改善民生。这段经历让他深切体会农民疾苦,对中国农村有了深刻洞察,对其日后领导风格与治国理念影响深远,成为他宝贵的精神财富和领导才能的基石。

结合青年习近平的亲身生活学习经历,谈一谈你受到了哪些启发,说一说青年如何树立远大理想。

第3课　追求人生理想

活动演练

做一做

挑战小游戏：一口气吹蜡烛、1分钟仰卧起坐

围绕分议题"想问题办事情为什么要量力而行？"，举办闯关体验小活动，通过"一口气吹蜡烛""1分钟仰卧起坐"两个闯关体验小活动，亲身参与体验，并观察其他人的成绩和反应，总结自己在体验过程中的不同感受和结果，互相分享，并说明为什么会有这样的不同。再思考，在同样条件下假设身体素质非常好的人有没有可能一口气吹灭100根蜡烛、1分钟内做500个仰卧起坐？

游戏体会留言

> **说一说**

幸福，作为人生追求的目标，并非唾手可得，而是奋斗的成果，是辛勤劳动后的甘甜回报。在奋斗的道路上，我们或许会遇到困难与挑战，但正是这些经历磨砺了我们，使我们在克服障碍的过程中成长，收获成就感和幸福感。因此，劳动与奋斗紧密相连，共同编织着人类社会的繁荣景象，也塑造着每个人内心的满足与喜悦。劳动是幸福的桥梁，奋斗则是通往幸福的必经之路。

围绕分议题"想问题办事情为什么又要尽力而为?"，请以"幸福是奋斗出来的"为主题进行分组主题演讲比赛，形成主题演讲文稿。

主题演讲文稿

实践营地

社会实践任务单

班级		小组成员		组长	
实践项目		实践方法		时间	
实践目的					
实践准备					
实践内容					

社会实践体会

评价维度	评价要求	配分	得分
政治认同	坚持马克思主义世界观和方法论，领会中国特色社会主义理论体系，特别是习近平新时代中国特色社会主义思想，增进对伟大祖国、中华民族、中华文化、中国共产党、中国特色社会主义的认同，坚持社会主义核心价值体系，自觉培育和践行社会主义核心价值观	20	
职业精神	具有积极劳动态度和良好劳动习惯，具有正确职业理想、科学职业观念、良好职业道德和职业行为，具备理性思维、批判质疑、勇于探究的科学精神，能够正确认识和处理社会发展与个人成长的关系，并作出正确价值判断和行为选择，在社会实践中增长才干	20	
法治意识	具有社会主义法治观念、正确的权利义务观念，尊法学法守法用法，维护宪法尊严，自觉参与社会主义法治国家建设	20	
健全人格	具有积极心理品质和自尊自信、理性平和、积极向上的心态，能自我调节和管理情绪，做到自立自强、坚韧乐观，提高心理健康水平和职业心理素质	20	
公共参与	具有主人翁意识，坚持以人民为中心，能够有序参与公共事务、积极承担社会责任	20	
合计		100	

 成长回眸

我的认识：

我的提升：

我的行动：

本课评价：

评价维度	内容	得分			
		自我评价	组长评价	生生评价	老师评价
认知与品质（30分）	懂得客观规律性和主观能动性的辩证关系				
态度与情感（30分）	探讨尊重客观规律与发挥主观能动性的辩证关系，积极发觉自我潜力，增强自信自强意识				
运用与行动（40分）	做到一切从实际出发、实事求是，奋发图强，开拓进取				
合计					

自我评价：优秀(90-100分)　良好(75-89分)　合格(60-74分)　待提高(0-59分)

组长评价：优秀(90-100分)　良好(75-89分)　合格(60-74分)　待提高(0-59分)

生生评价：优秀(90-100分)　良好(75-89分)　合格(60-74分)　待提高(0-59分)

老师评价：优秀(90-100分)　良好(75-89分)　合格(60-74分)　待提高(0-59分)

校外寄语：

信息资讯

―――― 习言习语 ――――

青年时代，毛泽东同志就以"自信人生二百年，会当水击三千里"的壮志豪情，立下拯救民族于危难的远大志向，投身救国救民的伟大事业。为了找到中国的出路，毛泽东同志"向大本大源处探讨"，在反复比较和鉴别中，毅然选择了马克思列宁主义，选择了为实现共产主义而奋斗的崇高理想，从此一生追寻，矢志不移。

——2023年12月26日习近平在纪念毛泽东同志诞辰130周年座谈会上的讲话

用人主体要发挥主观能动性，增强服务意识和保障能力，建立有效的自我约束和外部监督机制，确保下放的权限接得住、用得好。用人单位要切实履行好主体责任，用不好授权、履责不到位的要问责。

——2021年12月15日习近平在《求是》发表文章《深入实施新时代人才强国战略 加快建设世界重要人才中心和创新高地》

要加强对五四运动以来中国青年运动的研究，深刻把握当代中国青年运动的发展规律。

——2019年4月21日习近平：加强对五四运动和五四精神的研究 激励广大青年为民族复兴不懈奋斗

希望广大院士弘扬科学报国的光荣传统，追求真理、勇攀高峰的科学精神，勇于创新、严谨求实的学术风气，把个人理想自觉融入国家发展伟业，在科学前沿孜孜求索，在重大科技领域不断取得突破。

——2018年5月28日习近平在中国科学院第十九次院士大会、中国工程院第十四次院士大会上的讲话

在全面深化改革中，我们要处理好尊重客观规律和发挥主观能动性的关系。一方面，要坚持一切从实际出发，按照客观规律办事，一张蓝图抓到底，抓好打基础利长远的工作，不能拍脑袋、瞎指挥、乱决策，杜绝短期行为、拔苗助长。另一方面，要鼓励地方、基层、群众大胆探索、先行先试，及时总结经验，勇于推进理论和实践创新，不断深化对改革规律的认识。我们提出加强顶层设计和摸着石头过河相结合、整体推进和重点突破相促进，这是全面深化改革必须遵循的重要原则，也是历史唯物主义的要求。

——2013年12月3日习近平总书记在十八届中央政治局第十一次集体学习时讲话

推荐网站

1. 求是网，网址：http：//www.qstheory.cn/。
2. 光明网，网址：https：//www.gmw.cn/。

第二单元

辩证看问题　走好人生路

第 4 课
用联系的观点看问题

 思维导图

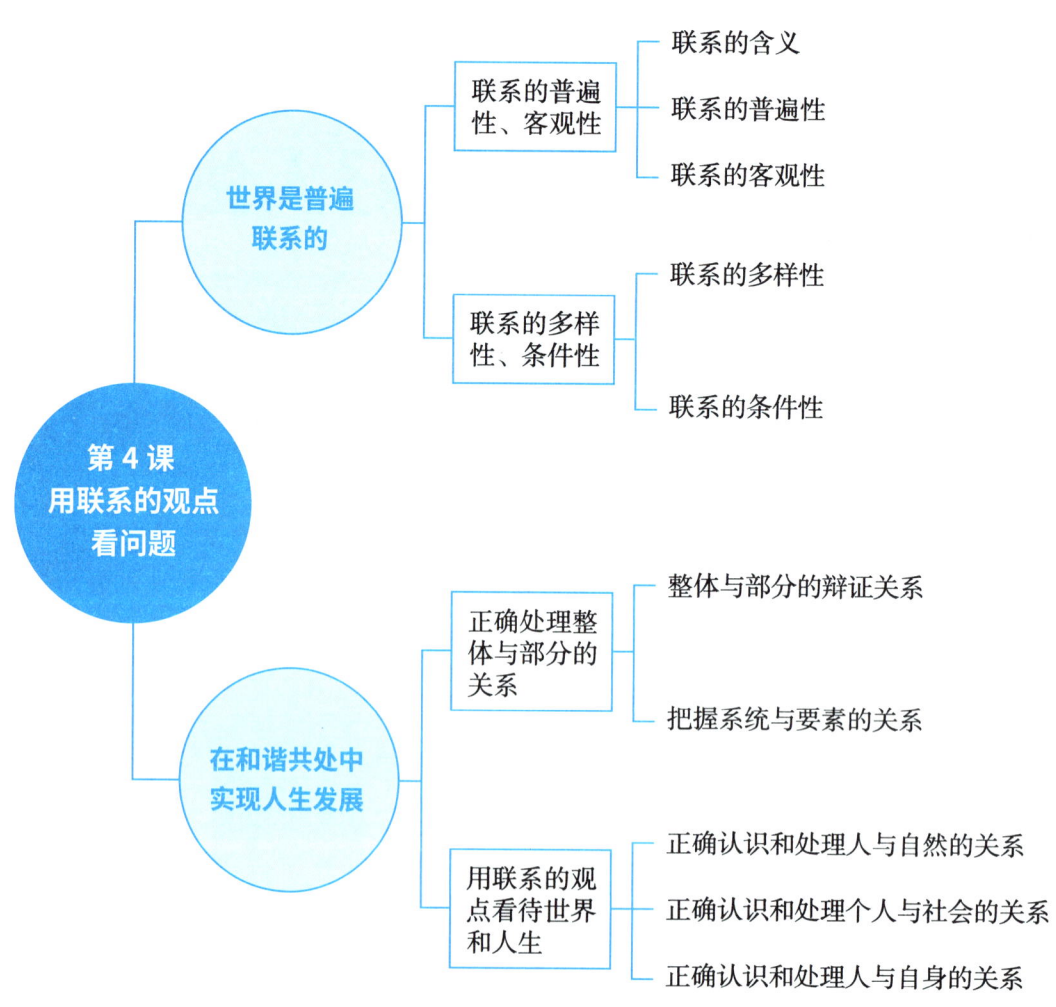

目标点击

1. 了解联系的特征,理解联系的含义,懂得世界是普遍联系的。
2. 理解人生发展与自然、社会和他人息息相关,学会在和谐共处中实现人生发展。
3. 学会用联系的观点认识和处理人生道路中的各种问题,坚定信心,脚踏实地走好人生路。

自主预习

观看电影《夺冠》片段,初步思考总议题:"为什么个人不能孤立地生存和发展"?

学习感悟

课堂探究

素质训练

选一选

1. 我国的高铁里程位列世界之首，高铁的大量兴建不但改善了交通，还带动了我国钢材、车辆制造业、沿线服务业以及周边产业的蓬勃发展。这表明（　　）。

   ①事物是普遍联系的　　②事物的联系是主观的
   ③事物的联系是人为的　　④事物的联系是客观的

   A. ①②　　　　B. ②③　　　　C. ①④　　　　D. ③④

2. 一位男士在社会上可能扮演父亲、儿子、学生、教师、管理者、被管理者等不同角色。这种现象从哲学上说反映了（　　）。

   A. 联系的主观性　　　　B. 联系的客观性
   C. 联系的多样性　　　　D. 联系的普遍性

3. "100－1＝0"被一些管理学家奉为定律，意在提醒人们防止因1%的错误导致100%的失败。"100－1＝0"蕴含的哲理是（　　）。

   ①部分决定整体，整体的性质决定于部分的性质
   ②整体决定部分，部分的作用取决于其在整体中的地位
   ③整体与部分相互制约，关键部分的功能关系整体的成败
   ④整体与部分相互联系，部分的作用有时大于整体的作用

   A. ①②　　　　B. ①④　　　　C. ②③　　　　D. ③④

4. 中共中央多次强调，必须正确处理改革、发展、稳定的关系，把改革的力度、发展的速度和社会可承受的程度统一起来，促进社会和谐发展。这在哲学上体现了（　　）。

   A. 任何两个事物之间都存在着内在联系　　B. 事物的联系是多样的
   C. 事物是相互联系的有机整体　　　　　　D. 事物的联系是有条件的

5. 西方古谚曰："铁钉缺，蹄铁卸；蹄铁卸，战马蹶；战马蹶，骑士绝；骑士绝，战事折；战事折，国家灭。"这主要说明（　　）。

   A. 事物的质变是由量变引起的　　B. 事物是普遍联系的
   C. 事物是变化发展的　　　　　　D. 事物的本质是由现象表现的

6. 2024年春节期间，我国多个省区持续降雪，出现低温冰冻的极端天气现象，造成严重的灾害和财产损失。之所以造成如此严重的灾害，和时值春运、发生在人口稠密、经济发展较快地区以及防灾准备不足等因素共同起作用有密切关系。灾害对人们生产、生活各方面产生直接或间接的不利影响。这使我们更深刻地认识到（　　）。

①联系是普遍的，因此任何事物都可以是某一特定事件的原因或者结果

②联系是多样的，因此应该全面地认识与事件有关的各种联系

③联系是客观的，因此事件的发生与人的活动无关

④联系是有条件的，因此应该注意具体地分析事件发生的各种条件

  A. ①②   B. ②③   C. ①③   D. ②④

7. 据统计，北京的交通拥堵至少有1/3是由司机、骑车人和行人违章造成的。从哲学角度来看，这反映了（　　）。

  A. 意识反作用于物质   B. 运动与静止的辩证关系

  C. 部分的无序损害了整体功能的发挥 D. 系统的整体性

8. "君处北海，寡人处南海，唯是风马牛不相及也。"这个典故告诉我们（　　）。

  A. 不与其他事物相联系的事物是客观存在的

  B. 事物联系具有客观性，不能主观臆造虚假联系

  C. 联系是事物存在的前提条件

  D. 世界上任何两个事物都可以联系起来

9. 全球气候变暖使青藏高原的冰川寿命正在缩短。从哲学上看，这主要表明（　　）。

  A. 事物是变化发展的   B. 事物是普遍联系的

  C. 联系是客观的   D. 联系是多样的

10. 专家预测，大气环境的不断破坏，温室气体的不断排放，最终会导致气候干燥、陆地荒漠化等生态灾难。这说明（　　）。

①事物的联系具有普遍性   ②事物的联系具有主观性

③联系是无条件的   ④事物的联系具有客观性

  A. ①③   B. ②③   C. ③④   D. ①④

> 填一填

1. 请同学们阅读教材，完成填空学习内容

（1）联系是指事物之间以及事物内部诸要素之间_____、_____和_____的关系。

（2）联系具有_____、_____、_____和_____的特征。

（3）联系的客观性要求我们，要从事物本身固有的联系中把握事物，切忌_____ _____。

（4）整体与部分相互联系，密不可分。整体是事物的_____或_____的全过程，部分是事物的_____或发展的各个阶段。

（5）要学会用联系的观点正确认识和处理人与自然的关系，实现_____；要学会用联系的观点正确认识和处理个人与社会的关系，实现_____；要学会用联系的观点正确认识和处理人与自身的关系，促进_____。

2. 联系的基本特征

	基本特征（世界观）	如何利用这些特征（方法论）
联系的基本特征		

3. 整体与部分的辩证关系

关系 \ 内容	整体	部分
作用与地位		
辩证关系		

第4课 用联系的观点看问题

> 议一议

1. 迟到、早退、经常请假等考勤问题，严重影响和制约我们的学习以及未来的职业生涯发展。为什么迟到这样一件"小事"会给我们的生活乃至职业生涯带来如此巨大的影响？

请运用普遍联系的观点分析一下迟到对我们的生活带来了哪些不利的影响。

2. 2024年春运期间的一场大雪,让河南、湖北等中东部十多个省份出现了严重的交通问题,高铁停运,高速拥堵,旅客滞留,甚至出现了50多车连环相撞的惨烈车祸。天灾面前,在湖北却发生了这样一件暖心的事情:湖北省随州市随县文旅局副局长亲自带队,在高速收费口架起大锅,为滞留在高速上的旅客送上热气腾腾的面条。众多网友纷纷表示,春暖花开,一定要到随州看看。

为什么一碗面条能够带动随州市的旅游?请以人为什么不能孤立地生存和发展为议题,对该问题做出分析。

活动演练

做一做

1. 塑料垃圾危害极大。塑料进入海洋，能够存在数百年时间，持续危害海洋生态系统。塑料进入土壤，会使土壤环境恶化，严重影响农作物的生长。经过太阳照射，某些种类的塑料中的毒物还会排入大气层，使臭氧层变薄。对塑料垃圾处理不当还会造成严重的二次污染。

◎ 围绕分议题"塑料垃圾是怎样破坏人类生存环境的？"，召开"人类生存与环境污染"论坛会。

论坛观点精要

说一说

2. 黑格尔说:"割下来的手就失去了它的独立的存在,就不像原来长在身体上时那样,它的灵活性、运动、形状、颜色等都改变了,而且它就腐烂起来了,丧失它的整个存在了,只有作为有机体的一部分,手才能获得它的地位。"恩格斯说:"手并不是单独存在的。它只是整个具有极其复杂的结构的机体的一个肢体。"

◎ 围绕分议题"为什么说身体与手的关系是整体与部分的关系?",召开"整体与部分辩证关系案例"圆桌思辨会。

案例分析说明

 **实践营地**

社会实践任务单

班级		小组成员		组长	
实践项目		实践方法		时间	
实践目的					
实践准备					
实践内容					

社会实践体会

评价维度	评 价 要 求	配分	得分
政治认同	坚持马克思主义世界观和方法论，领会中国特色社会主义理论体系，特别是习近平新时代中国特色社会主义思想，增进对伟大祖国、中华民族、中华文化、中国共产党、中国特色社会主义的认同，坚持社会主义核心价值体系，自觉培育和践行社会主义核心价值观	20	
职业精神	具有积极劳动态度和良好劳动习惯，具有正确职业理想、科学职业观念、良好职业道德和职业行为，具备理性思维、批判质疑、勇于探究的科学精神，能够正确认识和处理社会发展与个人成长的关系，并作出正确价值判断和行为选择，在社会实践中增长才干	20	
法治意识	具有社会主义法治观念、正确的权利义务观念，尊法学法守法用法，维护宪法尊严，自觉参与社会主义法治国家建设	20	
健全人格	具有积极心理品质和自尊自信、理性平和、积极向上的心态，能自我调节和管理情绪，做到自立自强、坚韧乐观，自觉提高心理健康水平和职业心理素质	20	
公共参与	具有主人翁意识，坚持以人民为中心，能够有序参与公共事务、积极承担社会责任	20	
合计		100	

 **成长回眸**

我的认识：

我的提升：

我的行动：

本课评价：

评价维度	内　容	得分			
		自我评价	组长评价	生生评价	老师评价
认知与品质（30分）	了解联系的特征，理解联系的含义，懂得世界是普遍联系的				
态度与情感（30分）	理解人生发展与自然、社会和他人息息相关，学会在和谐共处中实现人生发展				
运用与行动（40分）	学会用联系的观点认识和处理人生道路中的各种问题，坚定信心，脚踏实地走好人生路				
	合计				

自我评价：优秀(90–100分)　　良好(75–89分)　　合格(60–74分)　　待提高(0–59分)

组长评价：优秀(90–100分)　　良好(75–89分)　　合格(60–74分)　　待提高(0–59分)

生生评价：优秀(90–100分)　　良好(75–89分)　　合格(60–74分)　　待提高(0–59分)

老师评价：优秀(90–100分)　　良好(75–89分)　　合格(60–74分)　　待提高(0–59分)

校外寄语：

信息资讯

习言习语

人类是一个整体,地球是一个家园。任何人、任何国家都无法独善其身。人类应该和衷共济、和合共生,朝着构建人类命运共同体方向不断迈进,共同创造更加美好未来。

——2021年10月25日,习近平在北京出席中华人民共和国恢复联合国合法席位50周年纪念会议讲话

坚持人与自然和谐共生。"万物各得其和以生,各得其养以成。"大自然是包括人在内一切生物的摇篮,是人类赖以生存发展的基本条件。大自然孕育抚养了人类,人类应该以自然为根,尊重自然、顺应自然、保护自然。不尊重自然,违背自然规律,只会遭到自然报复。自然遭到系统性破坏,人类生存发展就成了无源之水、无本之木。我们要像保护眼睛一样保护自然和生态环境,推动形成人与自然和谐共生新格局。

——2021年4月22日,习近平在领导人气候峰会上的讲话

做好新时代国家安全工作,要坚持总体国家安全观,抓住和用好我国发展的重要战略机遇期,把国家安全贯穿党和国家工作各方面全过程,同经济社会发展一起谋划、一起部署,坚持系统思维,构建大安全格局,促进国际安全和世界和平,为建设社会主义现代化国家提供坚强保障。

——2020年12月11日,习近平在十九届中央政治局第二十六次集体学习时的讲话

要高度重视生态保护工作,牢固树立绿水青山就是金山银山的理念,从源头上解决生态环境问题,持续推进产业结构和能源结构升级优化,努力打造绿色低碳循环发展的经济体系,坚决打赢蓝天、碧水、净土保卫战,统筹推进山水林田湖草系统治理,把沿黄生态保护好,提升自然生态系统质量和稳定性。

——2019年9月16日至18日,习近平在河南考察调研时的讲话

统筹兼顾、综合平衡,突出重点、带动全局,有的时候要抓大放小、以大兼小,有的时候又要以小带大、小中见大,形象地说,就是要十个指头弹钢琴。

——2014年2月7日,习近平在接受俄罗斯电视台专访时的谈话

推荐网站

1. 哲学中国网,网址:http://www.philosophy.org.cn。
2. 求是网,网址:http://www.qstheory.cn。

第 5 课
用发展的观点看问题

 思维导图

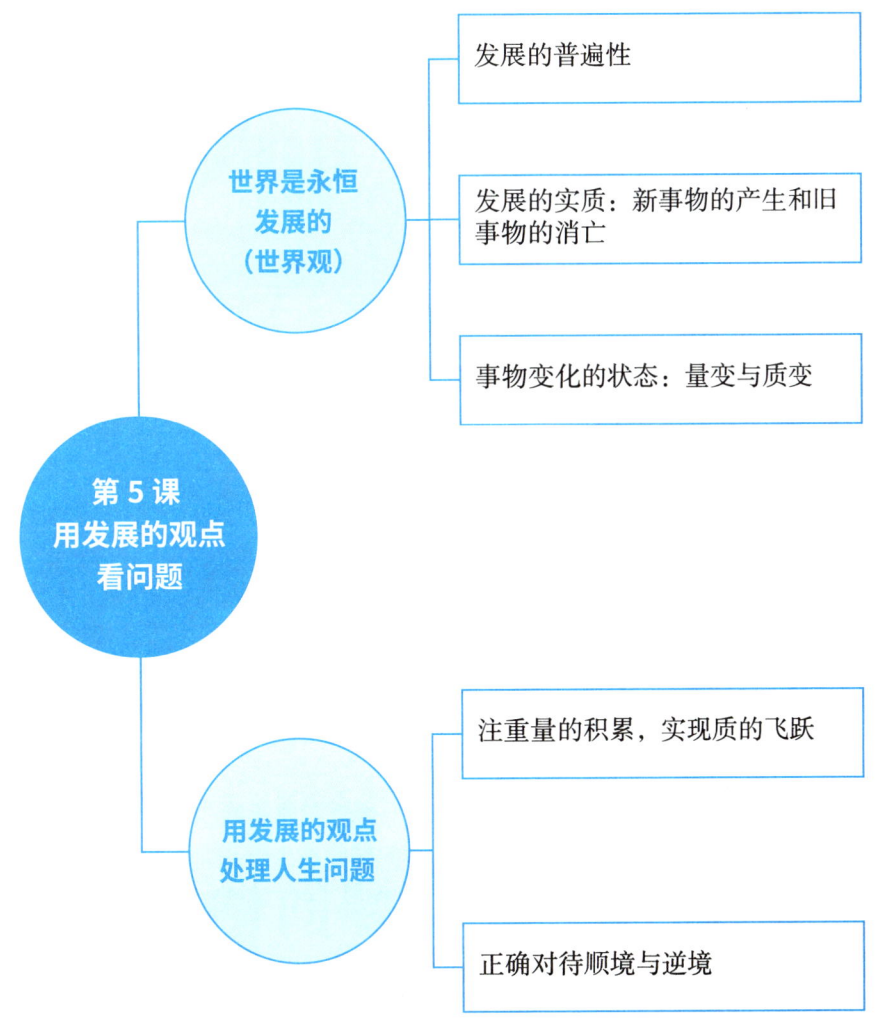

 **目标点击**

1. 了解发展的特征，理解发展的状态，懂得世界是永恒发展的。

2. 认同发展的普遍性，理解发展的前进性曲折性，形成用发展的观点看待问题的哲学思维。

3. 学会用发展的观点看待人生发展和国家建设，坚定四个自信，踏实走好人生路。

 自主预习

观看视频《卓嘉鹏：金牌来之不易》，思考总议题：人生发展为什么不会是一帆风顺的？联系本课内容撰写感悟。①

学习感悟

---

① 视频来源：央视网。

课堂探究

素质训练

选一选

1. 以"神舟十号"为代表的航天技术是新的，固然让人欣喜，那些在"神舟"飞天的实践中积累下来的技术更让人备感珍贵。这说明（   ）。

   ①事物发展的道路是曲折的

   ②新事物要汲取旧事物的某些营养

   ③新事物是在旧事物的"母腹"中成长起来的

   ④量变是质变的必要准备和前提

   A. ①③④　　　B. ①②④　　　C. ①②③　　　D. ②③④

2. 纵观人类防治疾病的历史，许多疾病早已被人类征服。2003 年的非典，2013 年的甲流，2020 年的"新冠"，每一次都给医学界带来巨大的挑战，但我们坚信凭借人类的探索精神，这些疾病的防治难题也一定能够破解。可见（   ）。

   ①充分发挥主观能动性，可以认识和改变规律

   ②事物的发展是前进性与曲折性的统一

   ③实践是客观物质性活动

   ④世界上只有尚未被认识的事物，没有不可认识的事物

   A. ①③　　　B. ②③　　　C. ①②　　　D. ②④

3. 若将"腐败"二字拆解开来，就是"广（病）""人""寸""肉（肌体、灵魂）""贝""文"6 个偏旁部首或文字，将这 6 个各具含义的字串起来，加以提炼，一句充满哲理的话便跃然纸上——"一文钱的不义之财就可以让人的肌体与灵魂一寸一寸地产生病变，直至腐败"。这句话蕴含的哲理是（   ）。

   A. 量变是质变的前提，量变必然引起质变

   B. 没有质变就没有发展

   C. 事物的变化发展是一个由量变到质变的过程

   D. 量变中包含部分质变

4. 犹太人有句名言：没有卖不出去的豆子。卖豆子的农民如果没卖出豆子，可以加水让它发芽，几天后就可以卖豆芽；如果豆芽卖不动，干脆让它长大些卖豆苗；如果豆苗卖不动，可以移植到花盆卖盆景；如果盆景卖不动，那么就移植到泥土里，几个月后，它就会结出许多豆子。材料给我们的启示是（　　）。

  A. 遭遇人生挫折是偶然的   B. 要积极面对前进道路上的挫折

  C. 把握人生机遇是必然的   D. 要正视社会环境的复杂性

5. "闪联"是由联想、TCL、康佳、海信等企业自主制定的技术标准，只要植入符合"闪联"标准的芯片，不论计算机、通信设备，还是各种消费类家用电器，都可以自动识别，无线联通。而作为一个大多数人还比较陌生的新名词——"闪联技术"，它与电视等传统家电相比具有无可比拟的优越性，因为它（　　）。

 ①克服了传统家电中消极的、过时的和腐朽的东西

 ②汲取了传统家电中积极的、合理的因素

 ③增添了为传统家电所不能容纳的新内容

 ④彻底否定了违背客观规律的旧事物

  A. ①②③   B. ②③④   C. ①③④   D. ①②④

6. "一时之强弱在于力，千古之胜负在于理。"这句话蕴含的哲学道理是（　　）。

  A. 事物是变化发展的，永远不变的事物是不存在的

  B. 新事物符合客观规律，具有远大的发展前途

  C. 矛盾是事物发展的根本原因

  D. 事物是普遍联系的，孤立的事物是不存在的

7. 往一匹健壮的骏马身上放一根稻草，马毫无反应。再添加一根稻草，马还是丝毫没有反应。又添加一根……一直往马身上添加稻草，当最后一根轻飘飘的稻草放到马身上后，骏马竟不堪重负瘫倒在地。这在社会学研究领域被称为"稻草原理"。这一原理体现了（　　）。

  A. 量变和质变的辩证关系

  B. 物质和运动的关系

  C. 事物的发展是前进性和曲折性的统一

  D. 实践和认识的关系

8. 唐代孙过庭在《书谱》中谈到学习书法的过程时说："至如初学分布，但求平正；既知平正，务追险绝；既能险绝，复归平正"。这一过程体现了（　　）。

①事物发展是一个不断循环往复的过程　　②事物发展是一个螺旋式上升的过程

③事物发展是一个量变不断积累的过程　　④事物发展是一个不断"扬弃"的过程

A. ①②　　　　B. ①③　　　　C. ②④　　　　D. ③④

9. 平面与圆锥面相截，截口的几何特性随平面与圆锥轴线的交角而变化。交角是直角时，截口是圆；稍变一点，圆变成了椭圆；再变，过了一个关键点，椭圆就变成了抛物线。截口的这种变化过程包含的哲理是（　　）。

①事物发展的方向是前进的　　　　　②整体与部分是辩证统一的

③事物的变化发展是从量变开始　　　④质变是量变的必然结果

A. ①②　　　　B. ①④　　　　C. ②③　　　　D. ③④

10. 不断地尝试失败，于是你积累了经验；不断地尝试成功，于是你积累了信心。人生，就是一个过程，积累、迸发、再积累、再迸发，最终实现完美的自我。这句话说明了（　　）。

①事物发展的前途是光明的，道路是曲折的

②只要注重量的积累，就一定能实现质变

③量变是质变的必要准备，没有量变就不会有质变

④事物的发展最终是通过质变来实现的，质变比量变更重要

A. ①②　　　　B. ③④　　　　C. ①④　　　　D. ①③

填一填

1. 请同学们阅读教材，完成填空学习内容

（1）发展具有普遍性，＿＿＿＿＿、＿＿＿＿＿、＿＿＿＿＿都是发展的。

（2）发展的实质是＿＿＿＿＿＿＿＿＿＿。

（3）事物的发展是＿＿＿＿＿＿＿、＿＿＿＿＿＿＿的过程。

（4）＿＿＿＿和＿＿＿＿是事物变化的两种基本状态或形式。

（5）人生发展有＿＿＿＿也有＿＿＿＿。顺境为人生发展提供机遇和有利条件，逆境会帮我们积累经验。

2. 发展的普遍性

发展的普遍性	原理	表现

3. 用发展的观点看问题

用发展的观点看问题		

议一议

1. 面对严峻的就业形势,中职生就业的压力越来越大,于是个人创业成为一些学生的选择。但100人创业,90人失败,只有少数人可以成功,这是创业的真实写照。正是由于成功率不高,学生创业广受争议。其实,能选择自主创业,其进取精神就令人佩服,即使失败,这段经历也是人生宝贵的财富。重要的是,在创业时,要有足够的"抗击打"能力,要做好承受失败和挫折的准备。就业压力越来越大,我们更应该抓住时机,提高自己,适应环境。不要无所事事,不要抱怨,等待和迷茫是毫无意义的。请以如何看待创业过程中的失败与成功为议题,谈谈你对人生发展中顺境和逆境的认识。

2. 在中西文化交流中,"咖啡""芭蕾""沙发"等一些外来语已被汉语成功吸纳。近些年来,"OK 拜拜""雷人""粉丝""介素虾米东东"等用语渐趋流行。对于外来语、网络语、中英文混用语,有人认为这是使用者个人的自由,不会对社会造成危害,无须干涉;有人则认为这是语言使用的游戏化、粗鄙化,是对汉语规范性、纯洁性的侵蚀和亵渎,必须取缔;也有人认为需要具体分析它们是否符合汉语发展的内在规律,再决定取舍。请结合发展的实质,就是否应该取缔上述流行语阐述自己的观点。

活动演练

做一做

请同学们分享自己的成长经历中经历过哪些挫折和逆境,自己是如何通过努力克服这些困境实现人生发展的。围绕分议题"为什么说人生发展不是一帆风顺的?",完成先进事迹撰写,并做最美成长事迹分享,举办最美同学评选会,最终由全体同学评选出最美同学。

最美成长事迹

> 说一说

举办励志歌曲演唱会，可以独唱，也可以合唱，选取如《我相信》《追梦赤子心》《飞得更高》《怒放的生命》等励志歌曲，进行现场演唱并由全体同学评选最佳作品，形成励志歌曲推荐歌单。

励志歌曲分享

 **实践营地**

社会实践任务单

班级		小组成员		组长	
实践项目		实践方法		时间	
实践目的					
实践准备					

实践内容

社会实践体会

评价维度	评价要求	配分	得分
政治认同	坚持马克思主义世界观和方法论，领会中国特色社会主义理论体系，特别是习近平新时代中国特色社会主义思想，增进对伟大祖国、中华民族、中华文化、中国共产党、中国特色社会主义的认同，坚持社会主义核心价值体系，自觉培育和践行社会主义核心价值观	20	
职业精神	具有积极劳动态度和良好劳动习惯，具有正确职业理想、科学职业观念、良好职业道德和职业行为，具备理性思维、批判质疑、勇于探究的科学精神，能够正确认识和处理社会发展与个人成长的关系，并作出正确价值判断和行为选择，在社会实践中增长才干	20	
法治意识	具有社会主义法治观念、正确的权利义务观念，尊法学法守法用法，维护宪法尊严，自觉参与社会主义法治国家建设	20	
健全人格	具有积极心理品质和自尊自信、理性平和、积极向上的心态，能自我调节和管理情绪，做到自立自强、坚韧乐观，自觉提高心理健康水平和职业心理素质	20	
公共参与	具有主人翁意识，坚持以人民为中心，能够有序参与公共事务、积极承担社会责任	20	
合计		100	

 **成长回眸**

我的认识：

我的提升：

我的行动：

本课评价：

评价维度	内容	得分			
		自我评价	组长评价	生生评价	老师评价
认知与品质（30分）	了解联系的特征，理解联系的含义，懂得世界是普遍联系的				
态度与情感（30分）	理解人生发展与自然、社会和他人息息相关，学会在和谐共处中实现人生发展				
运用与行动（40分）	学会用联系的观点认识和处理人生道路中的各种问题，坚定信心，脚踏实地走好人生路				
合计					

自我评价：优秀(90-100分)　　良好(75-89分)　　合格(60-74分)　　待提高(0-59分)

组长评价：优秀(90-100分)　　良好(75-89分)　　合格(60-74分)　　待提高(0-59分)

生生评价：优秀(90-100分)　　良好(75-89分)　　合格(60-74分)　　待提高(0-59分)

老师评价：优秀(90-100分)　　良好(75-89分)　　合格(60-74分)　　待提高(0-59分)

校外寄语：

信息资讯

习言习语

要牢牢把握高质量发展这个首要任务，因地制宜发展新质生产力。面对新一轮科技革命和产业变革，我们必须抢抓机遇，加大创新力度，培育壮大新兴产业，超前布局建设未来产业，完善现代化产业体系。发展新质生产力不是忽视、放弃传统产业，要防止一哄而上、泡沫化，也不要搞一种模式。各地要坚持从实际出发，先立后破、因地制宜、分类指导，根据本地的资源禀赋、产业基础、科研条件等，有选择地推动新产业、新模式、新动能发展，用新技术改造提升传统产业，积极促进产业高端化、智能化、绿色化。

——习近平总书记2024年3月11日在全国人大会议上的讲话

要健全完善需求对接、规划衔接、资源共享等方面制度机制，走好标准通用化路子，提高新兴领域发展整体效益。

——习近平总书记2024年3月7日在出席十四届全国人大二次会议解放军和武警部队代表团全体会议时的讲话

在强国建设、民族复兴的新征程，我们要坚定不移推动高质量发展。

——习近平总书记2023年3月14日在十四届全国人大一次会议上的讲话

中国人民不但善于破坏一个旧世界、也善于建设一个新世界，只有社会主义才能救中国，只有中国特色社会主义才能发展中国！

——习近平总书记2021年7月21日在庆祝中国共产党成立一百周年大会上的讲话

必须坚持走中国特色社会主义道路，不断坚持和发展中国特色社会主义。改革开放40年的实践启示我们：方向决定前途，道路决定命运。我们要把命运掌握在自己手中，就要有志不改、道不变的坚定。改革开放40年来，我们党全部理论和实践的主题是坚持和发展中国特色社会主义。

——习近平总书记2018年12月18日，在庆祝改革开放40周年大会上的讲话

推荐网站

人民网，http://www.people.com.cn/。

第6课
用对立统一的观点看问题

 思维导图

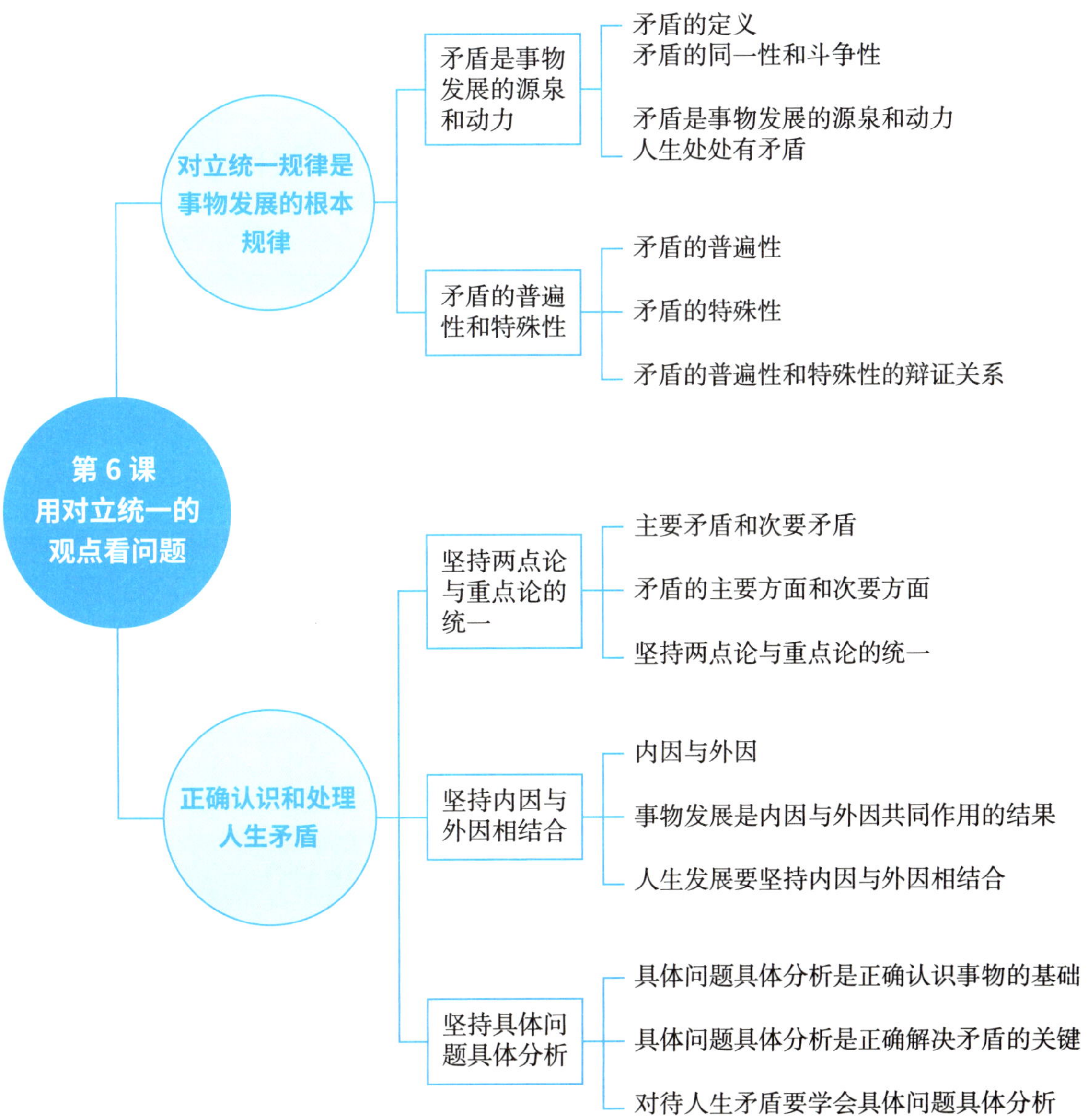

- 第6课 用对立统一的观点看问题
  - 对立统一规律是事物发展的根本规律
    - 矛盾是事物发展的源泉和动力
      - 矛盾的定义
      - 矛盾的同一性和斗争性
      - 矛盾是事物发展的源泉和动力
      - 人生处处有矛盾
    - 矛盾的普遍性和特殊性
      - 矛盾的普遍性
      - 矛盾的特殊性
      - 矛盾的普遍性和特殊性的辩证关系
  - 正确认识和处理人生矛盾
    - 坚持两点论与重点论的统一
      - 主要矛盾和次要矛盾
      - 矛盾的主要方面和次要方面
      - 坚持两点论与重点论的统一
    - 坚持内因与外因相结合
      - 内因与外因
      - 事物发展是内因与外因共同作用的结果
      - 人生发展要坚持内因与外因相结合
    - 坚持具体问题具体分析
      - 具体问题具体分析是正确认识事物的基础
      - 具体问题具体分析是正确解决矛盾的关键
      - 对待人生矛盾要学会具体问题具体分析

71

 **目标点击**

1. 了解矛盾的概念，掌握同一性和斗争性是矛盾的基本属性，掌握矛盾的普遍性和特殊性的关系原理，理解矛盾是事物发展的源泉和动力，知道矛盾分析法的主要内容。

2. 了解唯物辩证法与形而上学的根本对立，积极面对人生遇到的矛盾，在解决矛盾过程中不断成长。

3. 学会用对立统一的观点看待问题，自觉使用矛盾分析法解决学习生活、人生发展中面临的各种问题，掌握正确解决不同矛盾的方法；坚持内因与外因相结合，正确认识和处理自身努力与外部条件之间的关系。

 **自主预习**

观看视频《神奇的嫦娥五号（第三集）》，搜集嫦娥五号外层材料研制的相关资料，思考总议题：为什么不能回避矛盾？①

学习感悟

---

① 视频来源：央视网。

课堂探究

素质训练

选一选

1. 四渡赤水战役是遵义会议之后，毛泽东指挥中央红军三个月的时间六次穿越三条河流，转战川贵滇三省，巧妙地穿插于国民党军重兵集团围剿之间，不断创造战机，在运动中大量歼灭敌人，牢牢地掌握战场的主动权，取得了红军长征史上以少胜多、变被动为主动的光辉战例。这说明（　　）。

   ①量变是质变的前提和基础　　②人可以创新和改造战争规律
   ③矛盾的主要方面决定事物的性质　　④矛盾双方依据一定条件转化

   A. ①③　　　B. ②④　　　C. ③④　　　D. ②③

2. "精准扶贫"是指针对贫困区域环境、贫困农户状况，运用科学有效程序对扶贫对象实施精确识别、精确帮扶、精确管理的治贫方式。"精准扶贫"的关键在于"精准"，这意味着扶贫工作要（　　）。

   ①主观符合客观，从客观实际出发
   ②抓住有利时机，促成扶贫工作精准飞跃
   ③抓住主要矛盾，具体问题具体分析
   ④分清主流支流，正确评价扶贫取得成绩

   A. ①④　　　B. ①③　　　C. ③④　　　D. ②③

3. 保护是根本，利用传承是目的。新时代革命文物工作要正确处理保护与利用的关系，聚焦重点问题，只有围绕好根本，才能实现好目的。这体现的哲学道理是（　　）。

   ①要用对立统一的观点看问题
   ②承认矛盾普遍性是正确解决矛盾
   ③要着重把握事物的主要矛盾
   ④矛盾普遍性和特殊性在一定条件下相互转化

   A. ①③　　　B. ①④　　　C. ②③　　　D. ③④

4. 高质量发展是全面建设社会主义现代化国家的首要任务。这体现的唯物辩证法观点是（　　）。

A. 要着重把握事物发展过程中的主要矛盾

B. 要着重把握某一矛盾的主要方面

C. 要着重把握事物的内部矛盾

D. 要着重把握矛盾的普遍性

5. 2021年10月，联合国《生物多样性公约》第十五次缔约方大会在云南昆明开幕。习近平主席出席大会并发表讲话指出，为推动实现碳达峰、碳中和目标，中国将陆续发布重点领域和行业碳达峰实施方案和一系列支撑保障措施。下列说法正确的是（　　）。

A. 发布重点领域和行业实施方案，坚持集中主要力量解决主要矛盾

B. 我国发布一系列保障措施，实现了各部分功能之和大于整体功能的理想效果

C. 实现碳达峰、碳中和目标，需要突破客观条件的限制，发挥意识的能动作用

D. 世界统一于物质，要对自然怀敬畏之心，尊重自然、顺应自然、服从自然

6. 堡垒容易从内部攻破，体现的哲理是（　　）。

A. 内因是事物发展的根本原因　　　B. 外因是事物变化发展的条件

C. 内因是事物发展的唯一原因　　　D. 事物的变化发展有时可以没有外因

7. 我们在实际工作中，要坚持先试点后推广、一般号召和个别指导相结合、解剖麻雀等工作方法，这体现的唯物辩证法原理是（　　）。

A. 事物发展是新事物代替旧事物　　B. 矛盾的同一性寓于斗争性之中

C. 矛盾普遍性和特殊性相互联结　　D. 矛盾双方相互转化实现质变

8. 德国哲学家黑格尔认为："矛盾则是一切运动和生命力的根源；事物只是因为自身具有矛盾，它才会运动。"德国哲学家杜林认为："矛盾不能归属于现实。在事物中没有任何矛盾。"对比二人的观点，下列说法正确的是（　　）。

A. 同属于辩证法的观点

B. 同属于形而上学的观点

C. 双方的根本分歧在于思维和存在何者是本源的问题

D. 双方的根本分歧在于是否承认矛盾是事物发展的源泉和动力

9. 人们常说"身体是革命的本钱"，意在强调健康的重要性。这句话给我们的哲学启示是（　　）。

A. 坚持前进性与曲折性的统一　　　B. 要分清主流和支流

C. 要着重抓事物的主要矛盾　　　　D. 坚持具体问题具体分析

10. 习近平总书记指出："和羹之美，在于合异。人类文明多样性是世界的基本特征，也是人类进步的源泉。世界上有200多个国家和地区、2500多个民族、多种宗教。不同的历史和国情、不同的民族和习俗，孕育了不同文明，使世界更加丰富多彩。"在文明问题上，生搬硬套、削足适履不仅是不可能的，而且是十分有害的。这告诉我们（　　）。

①矛盾的普遍性寓于特殊性之中

②同一事物在发展的不同阶段上矛盾不同

③具体问题具体分析是正确解决矛盾的关键

④矛盾的特殊性规定着事物的特殊本质

A. ①②　　　　B. ③④　　　　C. ②③　　　　D. ①④

填一填

1. 请同学们阅读教材，完成填空学习内容

（1）世界上的一切事物都包含着既_____又_____的两个方面，这种_____就是矛盾。

（2）_____和_____是矛盾的两种基本属性。

（3）矛盾的_____和_____相互联结。一方面，_____寓于_____之中，并通过_____表现出来，没有特殊性就没有普遍性；另一方面，_____离不开_____，世界上的事物无论有多么特殊，总是和同类事物中的其他事物有共同之处，不包含普遍性的事物是不存在的。

（4）在事物发展过程中有多种矛盾，处于_____、对事物发展起_____作用的矛盾就是主要矛盾；处于_____、对事物发展不起决定作用的矛盾就是_____。

（5）内因是事物变化发展的_____，事物的变化发展主要是由内因引起的。外因是事物变化发展的_____，但外因必须通过_____才能起作用。

2. 主次矛盾与矛盾的主次方面

		概念	地位	作用
主次矛盾	主要矛盾			
	次要矛盾			
矛盾的主次方面	矛盾的主要方面			
	矛盾的次要方面			

3. 矛盾分析法

	方法论	内容
矛盾分析法	坚持用全面的观点看问题	
	坚持具体问题具体分析	
	坚持两点论与重点论的统一	
	坚持内因与外因相结合	

> 议一议

1. 在班级管理过程中，会发生各种各样的矛盾，比如学生写作业自觉性差和老师催促完成之间的矛盾、卫生委员管理班级卫生与不爱做值日的同学之间的矛盾、年度评优中竞争者之间的矛盾、技能大赛中选手因为作品思路不同产生的矛盾等。但无论是什么样的矛盾，大家的出发点都是一致的，希望每位同学都拥有健康、快乐的学习生活，都能实现人生发展。

面对诸多矛盾，不同的人看法也是不同的，你是如何看待班级管理中的矛盾的，你又是如何解决和处理矛盾的？班级管理中存在矛盾冲突是好事还是坏事？尝试用对立统一的观点对此问题进行分析。

2. 2024年1月，农业农村部副部长邓小刚介绍2023年农村经济运行概况：乡村产业兴旺，农民增收渠道拓宽。农产品加工业稳健，网络零售额破2.49万亿元。现代农业园区升级，新建多类产业园与强镇，社会化服务超19.7亿亩次，惠及9100多万小农户。在产业与就业双重拉动下，农民收入持续增长，人均可支配收入达21691元，同比增长7.6%。

搜集乡村振兴的相关案例，利用矛盾分析法分析案例中的相关举措，说说为什么要全面推进乡村振兴。

第6课 用对立统一的观点看问题

活动演练

做一做

中国互联网络信息中心（CNNIC）发布的第52次《中国互联网络发展状况统计报告》显示，截至2023年6月，我国网民规模达10.79亿人，其中10岁以下网民和10～19岁网民占比分别为3.8%和13.9%，青少年网民数量近2亿。

在调查中，受调查的未成年人在近半年内有过上网行为，说明未成年人互联网普及率几乎饱和，而中国互联网络信息中心发布的报告显示，全国互联网普及率仅达到76.4%；未成年人触网低龄化趋势明显，10岁以前首次"触网"的未成年人占比达52%，较上年提高7.4%，并且城市未成年人"触网"年龄整体早于乡村。

◎ 围绕分议题一"网络的使用对学生是利还是弊？"，以网络对学生的影响利大于弊还是弊大于利为辩题，开展网络对学生的影响利与弊辩论赛。

辩论观点阐释

> 说一说

每个人在人生道路上都会遇到各种各样的矛盾，面临各种各样的困难。矛盾是事物发展的源泉和动力，人生的矛盾也推动着我们人生的发展。马克思主义的矛盾论给我们带来了正确处理人生矛盾的启示：运用矛盾分析法，坚持两点论和重点论相统一，坚持内外因相结合……

◎ 围绕分议题二"你在人生中遇到过哪些人生矛盾？你是如何处理的?"，回忆自己至今的人生经历，选取其中一个人生片段，分析其中的人生矛盾，在小组内交流讨论自己的人生矛盾及解决方式，互相点评补充。各组代表展示本组最优秀的案例，开展处理人生矛盾分享会，师生共同进行点评与学习。

解决矛盾方法

 **实践营地**

社会实践任务单

班级		小组成员		组长	
实践项目		实践方法		时间	
实践目的					
实践准备					
实践内容					

社会实践体会

评价维度	评 价 要 求	配分	得分
政治认同	坚持马克思主义世界观和方法论，领会中国特色社会主义理论体系，特别是习近平新时代中国特色社会主义思想，增进对伟大祖国、中华民族、中华文化、中国共产党、中国特色社会主义的认同，坚持社会主义核心价值体系，自觉培育和践行社会主义核心价值观	20	
职业精神	具有积极劳动态度和良好劳动习惯，具有正确职业理想、科学职业观念、良好职业道德和职业行为，具备理性思维、批判质疑、勇于探究的科学精神，能够正确认识和处理社会发展与个人成长的关系，并作出正确价值判断和行为选择，在社会实践中增长才干	20	
法治意识	具有社会主义法治观念、正确的权利义务观念，尊法学法守法用法，维护宪法尊严，自觉参与社会主义法治国家建设	20	
健全人格	具有积极心理品质和自尊自信、理性平和、积极向上的心态，能自我调节和管理情绪，做到自立自强、坚韧乐观，自觉提高心理健康水平和职业心理素质	20	
公共参与	具有主人翁意识，坚持以人民为中心，能够有序参与公共事务、积极承担社会责任	20	
合计		100	

 成长回眸

我的认识：

我的提升：

我的行动：

本课评价：

评价维度	内　容	得分			
		自我评价	组长评价	生生评价	老师评价
认知与品质 （30 分）	了解矛盾的概念，掌握同一性和斗争性是矛盾的基本属性，掌握矛盾的普遍性和特殊性的关系原理，理解矛盾是事物发展的源泉和动力，知道矛盾分析法的主要内容				
态度与情感 （30 分）	了解唯物辩证法与形而上学的根本对立，积极面对人生遇到的矛盾，在解决矛盾过程中不断成长				
运用与行动 （40 分）	学会用对立统一的观点看待问题，自觉使用矛盾分析法解决学习生活、人生发展中面临的各种问题，掌握正确解决不同矛盾的方法；坚持内因与外因相结合，正确认识和处理自身努力与外部条件之间的关系				
	合计				

自我评价：优秀(90－100 分)　　良好(75－89 分)　　合格(60－74 分)　　待提高(0－59 分)

组长评价：优秀(90－100 分)　　良好(75－89 分)　　合格(60－74 分)　　待提高(0－59 分)

生生评价：优秀(90－100 分)　　良好(75－89 分)　　合格(60－74 分)　　待提高(0－59 分)

老师评价：优秀(90－100 分)　　良好(75－89 分)　　合格(60－74 分)　　待提高(0－59 分)

校外寄语：

 信息资讯

———— 习言习语 ————

中国式现代化，是中国共产党领导的社会主义现代化，既有各国现代化的共同特征，更有基于自己国情的中国特色。

——2022年10月16日，习近平在中国共产党第二十次全国代表大会上的报告

在任何工作中，我们既要讲两点论，又要讲重点论，没有主次，不加区别，眉毛胡子一把抓，是做不好工作的。

——2018年12月31日，《求是》杂志2019年第1期，习近平《辩证唯物主义是中国共产党人的世界观和方法论》

一些理论观点和学术成果可以用来说明一些国家和民族的发展历程，在一定地域和历史文化中具有合理性，但如果硬要把它们套在各国各民族头上、用它们来对人类生活进行格式化，并以此为裁判，那就是荒谬的了。

——2016年5月17日，习近平在哲学社会科学工作座谈会上的讲话

要坚持具体问题具体分析，"入山问樵、入水问渔"，一切以时间、地点、条件为转移，善于进行交换比较反复，善于把握工作的时度效。

——2016年1月18日，习近平在省部级主要领导干部学习贯彻党的十八届五中全会精神专题研讨班上的讲话

如果我们不迎难而上、因势利导，逢山开路、遇水架桥，这些矛盾不断积累，就有可能进一步向不利方向转化，最后成为干扰因素甚至破坏性力量。

——2015年1月23日，习近平在十八届中央政治局第二十次集体学习时的讲话

推荐网站

马克思主义文库，网址：https：//www.marxists.org/chinese/。

第三单元

实践出真知　创新增才干

第 7 课　实践出真知

 思维导图

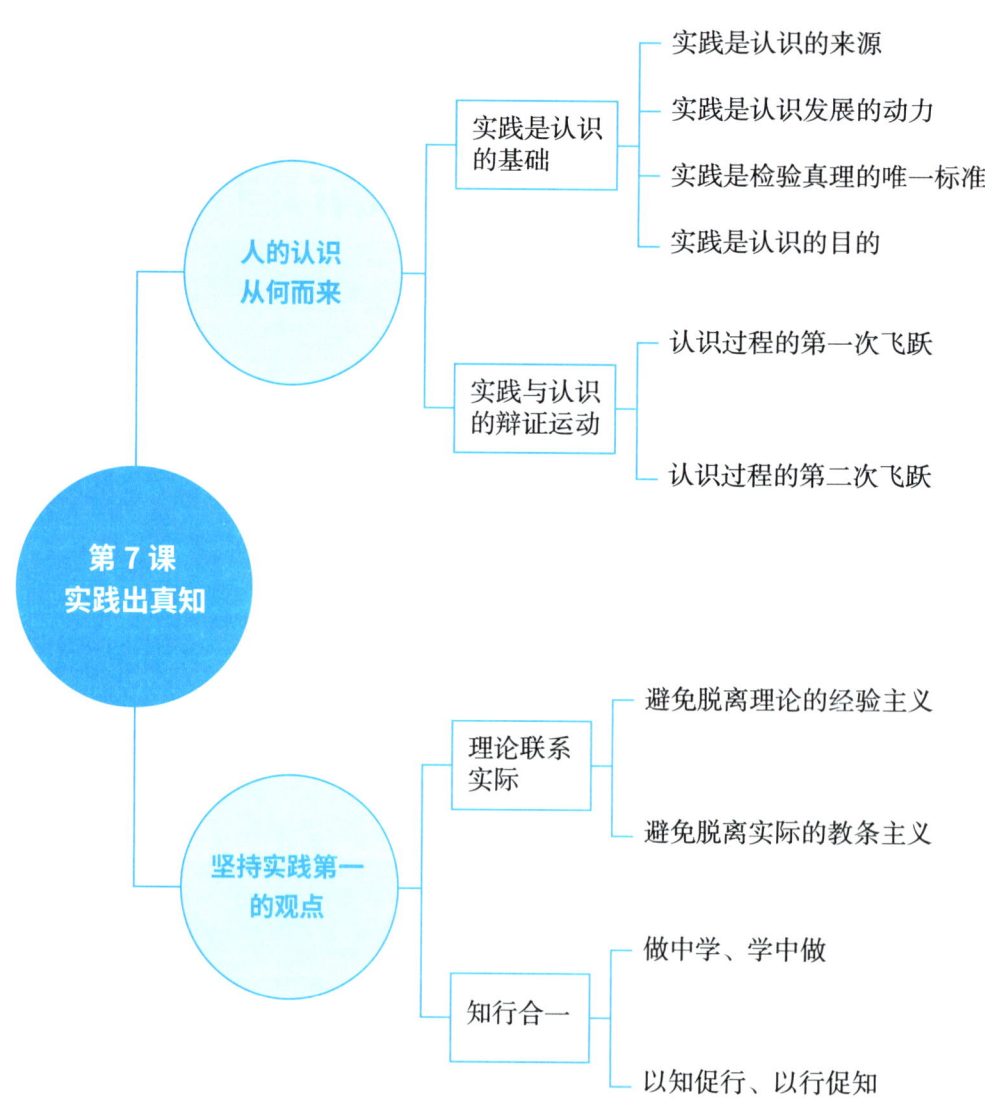

 **目标点击**

1. 了解认识和实践的含义，理解认识与实践的辩证关系。
2. 坚持实践第一的观点，理论联系实际，初步形成知行统一观。
3. 学会在生活实践中以马克思主义认识论为指导，做到理论与实践有机结合，不断提高认识水平、增长才干。

 **自主预习**

观看《"金牌老将"和他的"大国小匠"们》，初步思考总议题：人的认识从何而来，如何坚持实践第一的观点？①

思考感悟

---

① 视频来源：央视网。

素质训练

选一选

1. 习近平指出:"我们党现阶段提出和实施的理论和路线方针政策,之所以正确,就是因为它们都是以我国现时代的社会存在为基础的。"这段话说明( )。
   A. 实践是认识的来源　　　　　　B. 实践是认识的发展动力
   C. 实践是认识的目的　　　　　　D. 实践是检验真理性的唯一标准

2. 马克思说:"人的思维是否具有客观的真理性,这不是一个理论的问题,而是一个实践的问题。人应该在实践中证明自己思维的真理性,即自己思维的现实性和力量,自己思维的此岸性。"这段话的意思是( )。
   A. 实践产生了认识的需要　　　　B. 实践为认识提供了可能
   C. 实践使认识得以产生和发展　　D. 实践是检验认识真理性的唯一标准

3. "社会一旦有技术上的需要,这种需要就会比十所大学更能把科学推向前进。"恩格斯的这段话是指( )。
   A. 实践是认识的发展动力　　　　B. 实践为认识提供了可能
   C. 实践使认识得以产生和发展　　D. 实践是检验认识真理性的唯一标准

4. 实践作为检验认识真理性的标准的确定性即绝对性,是指实践作为检验认识真理性标准的( )。
   A. 客观性　　　B. 真实性　　　C. 唯一性　　　D. 条件性

5. 人们在掌握感性材料基础上,运用抽象思维进行分析,把握了事物的本质。这种对本质的认识属于( )。
   A. 科学理论　　B. 理论　　　C. 感性认识　　D. 理性认识

6. 故步自封、浅尝辄止的观点( )。
   A. 否认了认识的根本目的在于改造世界,而不仅仅是获得理性认识
   B. 忽视了认识的根本任务在于透过现象认识本质
   C. 违背了认识要不断深化、扩展和向前推移的哲理
   D. 只承认感性认识,不承认感性认识要上升到理性认识

7. 与"实践出真知"哲理相同的是（　　）。

  A. 读书须用意，一字值千金　　　B. 路遥知马力，日久见人心

  C. 听君一席话，胜读十年书　　　D. 近水知鱼性，近山识鸟音

8. 习近平总书记深刻总结中国特色社会主义民主政治的生动实践，对人民民主的性质、内涵、目的、特色、评价主体和评价标准进行了深邃思考和系统阐释，创造性地提出了全过程人民民主的重大理念，明确民主是要用来解决人民需要解决的问题的。材料体现了（　　）。

  ①感性认识以理性认识为基础和指导　　②理性认识是对感性认识的概括和提炼

  ③从思维具体到思维抽象的认识过程　　④感性认识是达到理性认识的必经阶段

  A. ①②　　　　B. ①③　　　　C. ③④　　　　D. ②④

9. 爱因斯坦说："大自然呈现在我们面前的只是一头狮子的尾巴，但不要怀疑狮子的存在。它还不能马上现出它的全身，那是因为它非常巨大。"这句话说明（　　）。

  A. 认识的根本任务就是透过现象抓住本质

  B. 大自然无限广大，而人类的认识能力是有限的

  C. 理性认识比感性认识更正确、更深刻、更可靠

  D. 人们的认识需要不断深化、扩展和向前推移

10. 感性认识必须上升到理性认识，从认识的程度、水平来说，这是由于（　　）。

  A. 认识了现象不等于认识了本质

  B. 理性认识比感性认识更正确、更可靠、更深刻

  C. 感性认识不同于理性认识

  D. 对事物本质和规律的正确认识，能更好地指导实践

填一填

1. 请同学们阅读教材，完成填空学习内容

(1) 实践决定认识，认识对实践具有＿＿＿＿＿＿＿。

(2) 从＿＿＿＿到＿＿＿＿，是认识过程的第一次飞跃。

(3) 从＿＿＿＿到＿＿＿＿，是认识过程的第二次飞跃。

(4) 实践与认识的辩证关系，要求我们坚持＿＿＿＿＿＿＿＿＿。

(5) 知行合一要求我们在学习和工作中，坚持做中学、＿＿＿＿＿＿，学以致用、＿＿＿＿＿＿、＿＿＿＿＿＿，做到＿＿＿＿＿＿、＿＿＿＿＿＿。

2. 实践与认识的辩证关系

实践是认识的来源	
实践是认识发展的动力	
实践是检验真理的唯一标准	
实践是认识的目的	

3. 感性认识与理性认识的含义

感性认识	
理性认识	

> 议一议

1. 网购已经成为现代生活中不可或缺的一部分，各类 App 为人们的衣食住行提供了便捷。在创新的同时，也滋生了监管套利、平台垄断、诱导消费、数据安全等一系列问题。2021 年，国务院反垄断委员会印发了《国务院反垄断委员会关于平台经济领域的反垄断指南》，对净化市场秩序、保护消费者利益、预防和制止垄断行为、引导经营者依法合规经营、促进线上经济持续健康发展等，都将产生积极的影响。

说一说，反垄断指南的出台是如何体现"实践是认识的基础"的？

2. 科技兴则民族兴，科技强则国家强，在推进中国式现代化进程中，科技发挥了至关重要的作用。"两弹一星"、核潜艇等大国重器，令中国人民挺直腰杆；高铁、跨海大桥等基础设施，夯实了中国高质量发展的基石；超级计算机、量子、5G等技术的发展，助推中国技术创新由"跟跑"向"并跑"转变，并逐渐向"领跑"发起冲击。这些辉煌成就背后，凝结着广大科技工作者攻坚克难的智慧和心血，彰显着广大科技工作者勇攀高峰的决心和毅力。

请运用实践和认识的相关原理，分析实践在科技创新中的作用。

活动演练

做一做

《人的正确思想是从哪里来的》是毛泽东1963年5月在修改《中共中央关于目前农村工作中若干问题的决定》（草案）时增写的一段话。这篇文章从哲学角度概括和总结了社会主义革命和社会主义建设的新经验，它是《实践论》基本思想的继续和发展。

◎ 围绕分议题"人的认识从何而来"，开展毛泽东《人的正确思想是从哪里来的》阅读交流会。

经典学习收获

说一说

将实训"实践课堂"与学校"理论课堂"有机结合,在实践学习中将技能练精、把本领素质练强,认真总结经验,全方位锻炼和提升专业技能和职业素养,为接下来迈入社会打下坚实基础。深刻理解知行合一要求我们坚持做中学、学中做,学以致用、用以促学、学用相长,做到以知促行、以行促知。

◎ 围绕分议题"如何坚持实践第一的观点?",开展实训后"知行合一助成长"总结会。

实训复盘认识

 实践营地

社会实践任务单

班级		小组成员		组长	
实践项目		实践方法		时间	
实践目的					
实践准备					

实践内容

社会实践体会

评价维度	评价要求	配分	得分
政治认同	坚持马克思主义世界观和方法论，领会中国特色社会主义理论体系，特别是习近平新时代中国特色社会主义思想，增进对伟大祖国、中华民族、中华文化、中国共产党、中国特色社会主义的认同，坚持社会主义核心价值体系，自觉培育和践行社会主义核心价值观	20	
职业精神	具有积极劳动态度和良好劳动习惯，具有正确职业理想、科学职业观念、良好职业道德和职业行为，具备理性思维、批判质疑、勇于探究的科学精神，能够正确认识和处理社会发展与个人成长的关系，并作出正确价值判断和行为选择，在社会实践中增长才干	20	
法治意识	具有社会主义法治观念、正确的权利义务观念，遵法、学法、守法、用法，维护宪法尊严，自觉参与社会主义法治国家建设	20	
健全人格	具有积极心理品质和自尊自信、理性平和、积极向上的心态，能自我调节和管理情绪，做到自立自强、坚韧乐观，提高心理健康水平和职业心理素质	20	
公共参与	具有主人翁意识，坚持以人民为中心，能够有序参与公共事务、积极承担社会责任	20	
合 计		100	

 成长回眸

我的认识：

我的提升：

我的行动：

本课评价：

评价维度	内　容	得分			
		自我评价	组长评价	生生评价	老师评价
认知与品质（30分）	了解认识和实践的含义；理解认识与实践的辩证关系。				
态度与情感（30分）	坚持实践第一的观点，理论联系实际，初步形成知行统一观				
运用与行动（40分）	学会在生活实践中以马克思主义认识论为指导，做到理论与实践有机结合，不断提高认识水平、增长才干。				
	合计				

自我评价：优秀(90-100分)　　良好(75-89分)　　合格(60-74分)　　待提高(0-59分)

组长评价：优秀(90-100分)　　良好(75-89分)　　合格(60-74分)　　待提高(0-59分)

生生评价：优秀(90-100分)　　良好(75-89分)　　合格(60-74分)　　待提高(0-59分)

老师评价：优秀(90-100分)　　良好(75-89分)　　合格(60-74分)　　待提高(0-59分)

校外寄语：＿＿＿＿＿＿＿＿＿＿＿＿＿＿＿＿＿＿＿＿＿＿＿＿＿＿

信息资讯

习言习语

要培养担当实干的工作作风，不尚虚谈、多务实功，勇于到艰苦环境和基层一线去担苦、担难、担重、担险，老老实实做人，踏踏实实干事。

——2022年5月10日，习近平在庆祝中国共产主义青年团成立100周年大会上的讲话

只要我们坚持实干兴邦、实干惠民，就一定能够把全面建设社会主义现代化国家的宏伟蓝图一步步变成现实。

——2021年2月25日，习近平在全国脱贫攻坚总结表彰大会上的讲话

要牢记空谈误国、实干兴邦的道理，坚持知行合一、真抓实干，做实干家。

——2019年3月3日，习近平在中央党校（国家行政学院）中青年干部培训班开班式上的讲话

实践的观点、生活的观点是马克思主义认识论的基本观点，实践性是马克思主义理论区别于其他理论的显著特征。

——2018年5月4日，习近平在纪念马克思诞辰200周年大会上的讲话

"纸上得来终觉浅，绝知此事要躬行。"所有知识要转化为能力，都必须躬身实践。要坚持知行合一，注重在实践中学真知、悟真谛，加强磨炼、增长本领。

——2016年4月26日，习近平在知识分子、劳动模范、青年代表座谈会上的讲话

推荐网站

1. 中国青年网，网址：https://www.youth.cn/?3qdkm=17993。
2. 中国志愿服务网，网址：https://chinavolunteer.mca.gov.cn/site/home。

第 8 课
在实践中提高认识能力

 思维导图

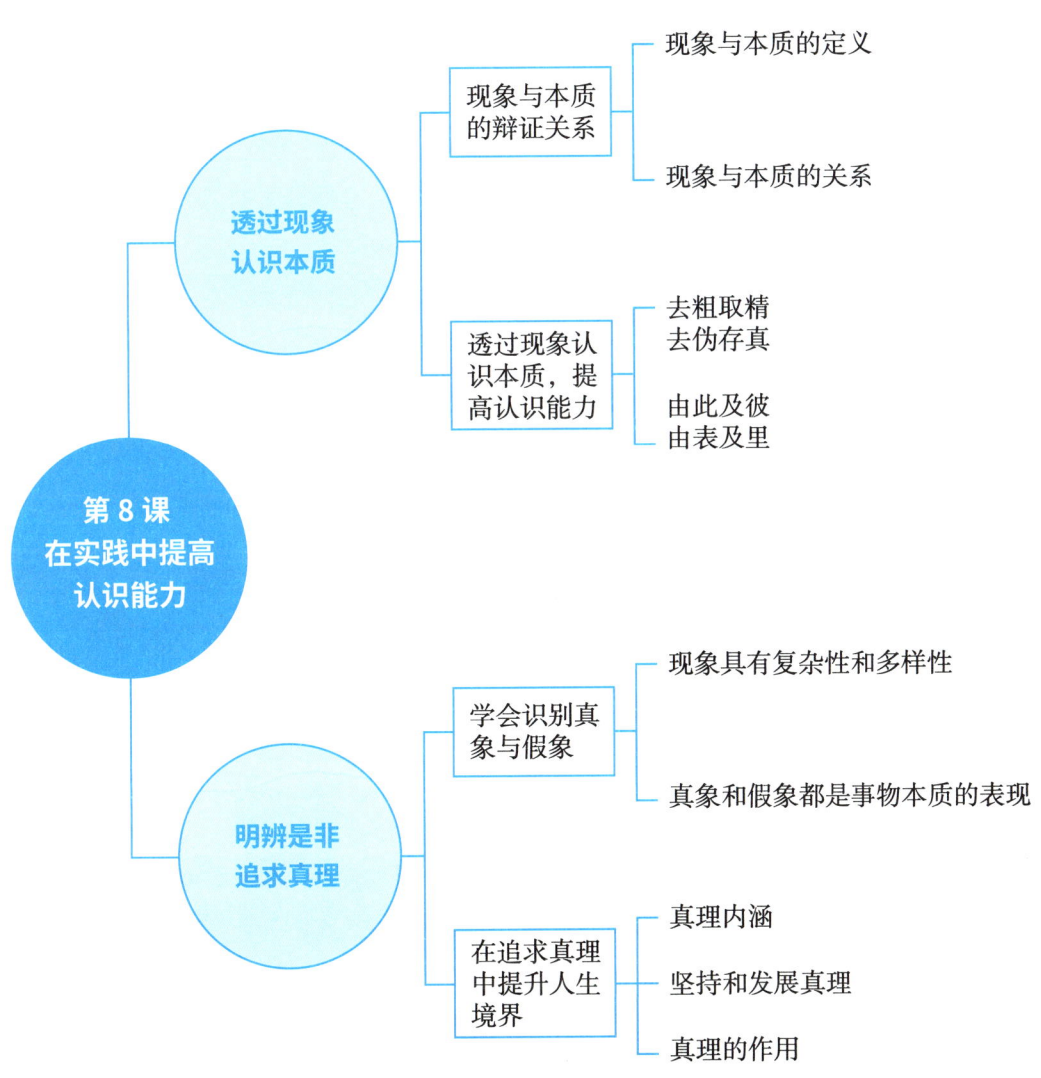

 **目标点击**

1. 了解现象和本质的辩证关系，理解明辨是非对提高人生发展能力的作用。

2. 领悟透过现象看本质的重要性，明确树立正确的是非观对人生发展的重要性，是非分明。

3. 学会分析判断现实生活中的是与非，掌握透过现象看本质的方法，在揭示事物本质的过程中提高认识事物的能力。

 **自主预习**

观看《趣味科普——眼见不一定为实》，初步思考总议题：为什么眼见不一定为实？探讨现象与本质的辩证关系。

思考感悟

 **课堂探究**

素质训练

选一选

1. "眼见不一定为实"这主要是因为（　　）。
   - A. 认识包括感性认识和理性认识
   - B. 现象包括真象与假象
   - C. 经验有直接经验与间接经验之别
   - D. 本质是眼睛看不见的东西

2. 俗语说"一叶知秋""一燕知春"。这说明（　　）。
   - A. 发挥思维的作用，人们可以透过现象认识本质
   - B. 现象和本质是同一的
   - C. 实践对认识有决定作用
   - D. 分析和综合是认识事物唯一可靠的思维方法

3. 杰出人物的事迹虽然各不相同，但都共同体现了新时期青年敬业、爱国、奉献的精神风貌，这说明（　　）。
   - A. 同一现象可以表现不同的本质
   - B. 同一现象的本质是多变的
   - C. 同一本质一定是相同现象的表现
   - D. 同一本质可以表现不同的现象

4. 下列关于"我看到了苹果落地，为什么没有看到万有引力"的哲学寓意，错误的表述是（　　）。
   - A. 认识和利用规律必须发挥主观能动性
   - B. 现象和本质有区别，认识了现象，不等于认识了本质
   - C. 本质总是要表现为现象，现象不是本质的表现
   - D. 事物的现象可以直接感知，本质则要靠人的理性思维去把握

5. 以下成语可以体现现象与本质关系的有（　　）。
   - ①绵里藏针
   - ②似是而非
   - ③皮笑肉不笑
   - ④声东击西
   - A. ①
   - B. ①②
   - C. ①②③
   - D. ①②③④

6. 生物进化论的创始人达尔文说："大自然一有机会就要说谎的。"例如一根直的木棍，

半截插入水中,看上去就像是弯曲的,这说明（　　）。

A. 假象也是事物本质的表现　　　　B. 现象离不开本质

C. 假象否定了事物的本质　　　　　D. 本质离不开现象

7. "月亮绕地球转动""苹果落地""水往低处流"等现象的背后隐藏着一个共同的东西——万有引力。这表明（　　）。

A. 同一现象只能表明同一本质

B. 同一本质可以表现为不同的现象

C. 现象、本质都隐藏在事物的内部

D. 同一现象可以表现不同的本质

8. "有温良而为盗者,有貌恭而心慢者,有外谦谨而内无至诚者。"这段话包含的哲理是（　　）。

A. 真象从正面表现本质,假象从反面歪曲地表现本质

B. 真象和假象混为一谈,无法辨认

C. 真象是事物本质的表现,假象不是事物本质的表现

D. 凡温良恭谦者为假仁假义之徒

9. 马克思说:"如果事物的表现形式和事物的本质直接合二为一,一切科学都成为多余的了"。这句话表明（　　）。

A. 事物的现象和本质不同,认识了现象不等于认识了本质

B. 科学研究是为了揭示事物的本质,这与事物的现象无关

C. 事物的现象和本质是密切联系、不可分割的

D. 事物的现象和本质是没有区别的,二者可以画等号

10. 关于真理与谬误的关系,下列观点正确的是（　　）。

①真理和谬误往往是相伴而行的

②真理的获得必须以谬误的纠正为基础

③真理战胜谬误的过程是发展自己的过程

④人的真理性认识往往包含谬误的成分

A. ①②　　　　　　　　　　　　　B. ①③

C. ②④　　　　　　　　　　　　　D. ③④

> 填一填

1. 请同学们阅读教材，完成填空学习内容

   (1) 透过现象认识本质，需要_____和_____。
   (2) 现象表现本质具有_____和_____。
   (3) 真理的内涵：_____。
   (4) 谬误的内涵：_____。
   (5) 真象是以_____形式表现本质，假象是以_____、_____形式表现本质。

2. 现象与本质的辩证关系

	含义	相互区别	相互依存	透过现象认识本质，提高认识能力
现象				
本质				

3. 透过现象认识本质，需要充分发挥主观能动性，运用科学的思维方法，对大量现象以及现象之间的关联进行科学的分析和研究，做到：

去粗取精	
去伪存真	
由此及彼	
由表及里	

> 议一议

1. "追星"可能是青少年难以放弃的文化娱乐诉求,偶像是一个社会的选择,代表大多数人的价值观方向。把梦想写在中国大地上的袁隆平、遨游太空的女航天员王亚平……激励着许多年轻人的精神追求;一夜爆红的流量明星、网络红人也占据着许多年轻人的精神领地。

请运用现象与本质的哲学原理,谈谈青少年应该树立怎样的"追星观",传承偶像精神,担当青春使命,接续奋斗新时代。

2. 中职三年级学生小王进入实习阶段,某天,他收到了一则短消息,称目前有个实习单位正在招人,需缴纳一定的费用。小王应该怎么做呢?请运用本节课所学的哲学原理帮助小王进行分析,帮助同学们学会明辨是非,提高认识能力。

活动演练

做一做

人们常说"眼见为实",其实我们的眼睛也并不可靠,直观观察到的现象往往不是事物真正的本质,因为感知和理解可能受到多种因素如感官局限、认知偏见和个人经验的影响,事物的表象与实质之间存在距离,需要通过理性认识来深化理解。

◎ 围绕分议题"透过现象认识本质",开展"眼见不一定为实"典型案例剖析会。

典型案例分析

说一说

真理，是人生的向导与事业的灯塔。马克思主义真理的曙光，照亮了中华民族砥砺前行的伟大征程。《共产党宣言》是完整而系统地阐述科学社会主义基本原理的伟大著作，是马克思主义的百科全书，是人类"最具影响力的20本学术书"之一。

◎ 围绕分议题"明辨是非追求真理"，请同学们阅读马克思主义经典著作《共产党宣言》序言部分，一起分享阅读的体会和收获，深刻感悟马克思主义的真理力量和实践力量。

经典原文节选

 **实践营地**

社会实践任务单

班级		小组成员		组长	
实践项目		实践方法		时间	
实践目的					
实践准备					
实践内容					

社会实践体会

评价维度	评价要求	配分	得分
政治认同	坚持马克思主义世界观和方法论，领会中国特色社会主义理论体系，特别是习近平新时代中国特色社会主义思想，增进对伟大祖国、中华民族、中华文化、中国共产党、中国特色社会主义的认同，坚持社会主义核心价值体系，自觉培育和践行社会主义核心价值观	20	
职业精神	具有积极劳动态度和良好劳动习惯，具有正确职业理想、科学职业观念、良好职业道德和职业行为，具备理性思维、批判质疑、勇于探究的科学精神，能够正确认识和处理社会发展与个人成长的关系，并作出正确价值判断和行为选择，在社会实践中增长才干	20	
法治意识	具有社会主义法治观念、正确的权利义务观念，尊法学法守法用法，维护宪法尊严，自觉参与社会主义法治国家建设	20	
健全人格	具有积极心理品质和自尊自信、理性平和、积极向上的心态，能自我调节和管理情绪，做到自立自强、坚韧乐观，提高心理健康水平和职业心理素质	20	
公共参与	具有主人翁意识，坚持以人民为中心，能够有序参与公共事务、积极承担社会责任	20	
合 计		100	

成长回眸

我的认识：

我的提升：

我的行动：

本课评价：

评价维度	内　容	得分			
		自我评价	组长评价	生生评价	老师评价
认知与品质 （30 分）	了解现象和本质的辩证关系；理解明辨是非对提高人生发展能力的作用				
态度与情感 （30 分）	领悟透过现象看本质的重要性，明确树立正确的是非观对人生发展的重要性，是非分明				
运用与行动 （40 分）	学会分析判断现实生活中的是与非，掌握透过现象看本质的方法，在揭示事物本质的过程中提高认识事物的能力				
合计					

自我评价：优秀（90－100 分）　　良好（75－89 分）　　合格（60－74 分）　　待提高（0－59 分）
组长评价：优秀（90－100 分）　　良好（75－89 分）　　合格（60－74 分）　　待提高（0－59 分）
生生评价：优秀（90－100 分）　　良好（75－89 分）　　合格（60－74 分）　　待提高（0－59 分）
老师评价：优秀（90－100 分）　　良好（75－89 分）　　合格（60－74 分）　　待提高（0－59 分）
校外寄语：

信息资讯

习言习语

我们推进理论创新是实践基础上的理论创新，而不是坐在象牙塔内的空想，必须坚持在实践中发现真理、发展真理，用实践来实现真理、检验真理。

——2023年6月30日，习近平在二十届中央政治局第六次集体学习时的讲话

推进马克思主义中国化时代化是一个追求真理、揭示真理、笃行真理的过程。

——2022年10月26日，党的二十大报告

要能够透过现象看本质，做到眼睛亮、见事早、行动快。

——2020年10月10日，习近平在秋季学期中央党校（国家行政学院）中青年干部培训班开班式上的讲话

面对复杂的世界大变局，要明辨是非、恪守正道，不人云亦云、盲目跟风。

——2019年4月30日，习近平在纪念五四运动100周年大会上的讲话

"学而不思则罔，思而不学则殆。"是非明，方向清，路子正，人们付出的辛劳才能结出果实。

——2014年5月4日，习近平在北京大学师生座谈会上的讲话

推荐网站

1. 求是网，网址：http://www.qstheory.cn/。
2. 中华人民共和国科学技术部门户网站，网址：www.most.gov.cn。

第 9 课
创新增才干

思维导图

- 第 9 课 创新增才干
  - 创新是引领发展的第一动力
    - 创新精神是中华民族最鲜明的禀赋（从历史发展来看）
      - 创新的基本内涵及重要意义
      - 中华民族是富有创新精神的民族
      - 勇于创新的民族禀赋成就了辉煌灿烂的中华文明
    - 创新是新时代的迫切要求（从时代要求来看）
      - 创新能力是当今国际竞争新优势的集中体现
      - 创新使我国经济社会发展取得巨大成就
      - 创新是我国赢得未来的必然要求
  - 积极投身创新实践
    - 树立创新意识
      - 创新意识的基本内涵
      - 如何树立创新意识
        - 坚定创新自信（树立创新意识的前提）
        - 增强问题意识（树立创新意识的起点）
        - 敢于突破常规（树立创新意识的内在要求）
    - 增强创新本领
      - 夯实创新的知识基础
      - 提高创新思维能力
      - 投身创新实践

111

 **目标点击**

1. 领会创新精神是中华民族最鲜明的禀赋，了解我国建设创新型国家的目标。

2. 感悟中华民族是富有创新精神的民族，增强爱国情感、民族自豪感和自尊心，理解创新的重要性。

3. 学会立足实践进行创新活动，在创新实践中增长才干。

 自主预习

观看视频《创新中国》纪录片第一集，初步思考总议题：为什么说创新是推动人类社会向前发展的根本动力？①

学习感悟

---

① 视频来源：央视网。

课堂探究

素质训练

选一选

1. 造纸术、指南针、火药、印刷术是众所周知的中国古代四大发明。除此之外，中国古代还有很多创新成果。例如，明朝宋应星所著，被称为"中国17世纪的工艺百科全书"的《天工开物》，就收录了诸如制陶、造纸、制造火药、纺织、染色、制盐、采煤、榨油等生产创新技术。这说明（　　）。

   ①勇于创新的民族禀赋成就了辉煌灿烂的中华文明

   ②中华文明对世界文明进步作出了巨大贡献，产生了深远影响

   ③中华民族是富有创新精神的民族

   ④创新是一个民族进步的灵魂，是一个国家兴旺发达的不竭动力

   A. ①②　　　B. ①③　　　C. ①②③　　　D. ①②③④

2. 下列体现创新精神的诗句有（　　）。

   ①苟日新，日日新，又日新　　　②穷则变，变则通，通则久

   ③治世不一道，便国不法古

   A. ①②　　　B. ①③　　　C. ②③　　　D. ①②③

3. 2017年9月28日，袁隆平院士领衔的青岛海水稻研究发展中心发布消息称，经过不断的育种改良，该中心的海水稻理论测产结果最高为亩产620.95公斤，远远超出了预估的亩产300公斤。海水稻实验的初步成功，预示着全国上亿亩"盐碱地"有望变身"良田"。这表明（　　）。

   A. 海水稻种植技术来源于传统稻种植经验

   B. 海水稻种植创造了新的规律

   C. 海水稻特性因人类种植的需要而不断改变

   D. 创新是推动社会生产力发展的重要因素

4. 移动支付渗透我们生活的方方面面，它极大地方便了我们的生活，突破了时空的限制，改变了人们的消费理念和消费习惯，创造了更多的实体经济和互联网经济的就业岗位，促进了科技的更新迭代，也推动了中国对外贸易经济发展。从票证支付到现金支付，

再到今天的移动支付，支付方式的改变，折射出改革开放取得的巨大成就，见证了一个大国的崛起。支付方式的发展历程表明，创新（　　）。

A. 是凭空产生的

B. 是引领发展的第一动力

C. 是决定创业发展的方向和道路

D. 是通过发挥主观能动性对规律进行创造

5. 浙江省义乌市后宅街道的"网红村"李祖村，在20年前曾被称为看不到希望的"水牛角村"，"脏乱差穷"是甩不掉的标签。而如今，得益于"千万工程"，李祖村完美蝶变"绿富美"，成为共同富裕示范村和远近闻名的"国际文化创客村"。"创客"成为李祖村的新标签，而一张张青春的创客面孔是李祖村"创客"群体的主力。这充分说明（　　）。

①创新并不神秘，不是只有科学家、发明家等少数人才能做到的事情

②人人可创客，事事可创新

③我们可以立足专业和岗位实际，做勇于创新的实践者

④青年是社会上最富活力、最具创造性的群体，理应走在创新创造前列

A. ①②③④　　　B. ①②　　　C. ②③　　　D. ①②③

6. 哥伦布拿出一个鸡蛋对大家说："谁能把这个鸡蛋竖起来？"众人一哄而上，却都失败了。哥伦布轻轻地把鸡蛋的一头敲破，便使鸡蛋竖了起来。这给我们的启示是（　　）。

A. 要认识到任何事物的发展都是前进性与曲折性的统一

B. 只有经历失败才能取得成功

C. 要否定一切，不断推动事物向前发展

D. 要树立创新意识，研究新情况、寻找新思路

7. 学习要有问题意识和敢于质疑的精神。古人就重视质疑精神对于学习的重要性，认为"学起于思，思源于疑"。宋朝朱熹提出："读书无疑者须教有疑，有疑，却要无疑，到这里方是长进。"这体现了（　　）。

①问题是创新的起点，也是创新的动力源

②具有创新意识的人会推崇创新、追求创新、以创新为荣

③创新要敢为人先、敢闯敢干

④要创新，就要有强烈的创新意识，凡事要有打破砂锅问到底的劲头，敢于质疑现有理论，勇于开拓新的方向，攻坚克难，追求卓越

A. ①②　　　　B. ①③　　　　C. ①④　　　　D. ③④

8. 暗物质和暗能量被科学家称为"笼罩在21世纪物理学上的两朵乌云"。2015年12月，暗物质粒子探测卫星——"悟空"号的发射升空标志着中国空间科学研究迈出重要一步，这是世界首颗暗物质粒子探测卫星。世界首颗量子科学试验卫星——"墨子号"的成功发射，使我国在世界上首次实现卫星和地面之间的量子通信。以前我国的卫星研发工作大多是在国外先进成果的基础上进行发展和改进，现在的我们更热衷于打破旧观念，敢于布局，观念创新使我国空间科学技术从跟跑者成为领跑者。这说明（　　）。

A. 要注重研究新情况，善于提出新问题，敢于寻找新思路

B. 只要敢于突破落后的思想观念，就能够做到从实际出发

C. 改变规律必须不断解放思想、与时俱进

D. 人的意识对人体生理活动具有调节和控制作用

9. 回顾全球科技创新史，创新拔尖人才都是在科学前沿和创新实践探索中涌现出来的，其成长的黄金期在青少年时期，重大原创性突破在中青年时期。要建设创新型国家，青少年必须（　　）。

①要有时不我待、只争朝夕的紧迫感

②积极投身改革创新的伟大实践中

③要敢于创造规律

④要敢于否定一切

A. ①②　　　　B. ①④　　　　C. ②③　　　　D. ③④

10. 如何增强创新本领？（　　）

①夯实创新的知识基础

②提高创新思维能力

③投身创新实践

A. ①②　　　　B. ①③　　　　C. ②④　　　　D. ①②③

> 填一填

1. 请同学们阅读教材，完成填空学习内容

   （1）创新是人类特有的_____和_____，是人的_____的高级表现形式。

   （2）中华民族是富有创新精神的民族。在历史的漫漫长河中，_____、_____、_____、与日偕新等思想观念逐渐积淀为中华民族最鲜明的民族禀赋。

   （3）创新是我国赢得未来的_____。我们必须把创新作为引领发展的_____，坚持创新在我国现代化建设全局中的_____。

   （4）创新意识是创新主体创造_____或提出_____的动机或意愿，是人的_____的表现，是人们进行_____活动的_____。

   （5）增强创新本领，要夯实创新的_____，要提高_____，要投身_____。

2. 核心概念

创新	
创新意识	

3. 树立创新意识的方法

前提	
起点	
内在要求	

第 9 课　创新增才干

> 议一议

1. 高铁是中国铁路高质量发展的亮丽名片。我国高铁运营里程世界最长：到 2023 年年底，高铁运营里程达到 4.5 万千米，稳居世界第一。商业运营速度世界最快：我国是世界上唯一实现高铁时速 350 千米商业运营的国家，树起了世界高铁商业化运营标杆，向世界展示了"中国速度"。形成了具有自主知识产权的世界先进高铁技术体系：我国高铁技术水平总体进入世界先进行列，部分领域达到世界领先水平，迈出了从追赶到领跑的关键一步。

◎ 结合上述材料，说明创新对我国经济社会发展的重大意义。

2. 2023年，我国科技创新显著突破，国家实验室体系增强，关键核心技术及高端装备如航空发动机等取得重大进展，AI、量子技术等领域创新活跃，技术交易活跃。2024年政府工作重心为推进现代化产业体系，强化创新驱动，以科技引领产业升级，提升全要素生产率，塑造发展新动能，重点优化产业链供应链，培育新兴产业，深化数字经济创新，力促生产力新飞跃。

◎ 创新是引领发展的第一动力，各行各业要取得长足发展均需要创新驱动。结合上述材料与自己所学专业，谈谈如何增强创新本领。

活动演练

做一做

中华民族是富有创新精神的民族,英国著名科学技术史专家李约瑟所著的《中国科学技术史》一书,在第一卷中列举中国的"西传技术"时,从字母 A 一口气排到字母 Z。他说:"我写到这里用了句点,因为 26 个字母都已用完了,但还有许多例子,甚至重要的例子可以列举。"

◎ 请以小组为单位,围绕分议题"为什么说创新精神是中华民族最鲜明的禀赋?",从李约瑟列举的中国的"西传技术"中选择一项完成一次技术推介会,介绍各组所选中国的"西传技术"的名称、适用领域、研发/创新过程、对世界的影响等。

> **"西传技术" 介绍**

说一说

在日常生活中，一些看似无用的废旧物品，经过精心设计和加工之后，会变成实用美观的生活用品。

◎ 请以小组为单位，围绕分议题"如何积极投身创新实践？"，将你们身边的废旧物品进行创新、改造，在班级范围内召开"看我的'宝贝'"展示交流会，展示变废为宝的作品，介绍宝贝名称、所用材料、创新思路、改造过程、"宝贝"用途等，并谈谈自己的体会。

作品创意说明

 **实践营地**

社会实践任务单

班级		小组成员		组长	
实践项目		实践方法		时间	
实践目的					
实践准备					
实践内容					

社会实践体会

评价维度	评 价 要 求	配分	得分
政治认同	坚持马克思主义世界观和方法论，领会中国特色社会主义理论体系，特别是习近平新时代中国特色社会主义思想，增进对伟大祖国、中华民族、中华文化、中国共产党、中国特色社会主义的认同，坚持社会主义核心价值体系，自觉培育和践行社会主义核心价值观	20	
职业精神	具有积极劳动态度和良好劳动习惯，具有正确职业理想、科学职业观念、良好职业道德和职业行为，具备理性思维、批判质疑、勇于探究的科学精神，能够正确认识和处理社会发展与个人成长的关系，并作出正确价值判断和行为选择，在社会实践中增长才干	20	
法治意识	具有社会主义法治观念、正确的权利义务观念，尊法学法守法用法，维护宪法尊严，自觉参与社会主义法治国家建设	20	
健全人格	具有积极心理品质和自尊自信、理性平和、积极向上的心态，能自我调节和管理情绪，做到自立自强、坚韧乐观，提高心理健康水平和职业心理素质	20	
公共参与	具有主人翁意识，坚持以人民为中心，能够有序参与公共事务、积极承担社会责任	20	
合 计		100	

 **成长回眸**

我的认识：
_____
_____

我的提升：
_____
_____

我的行动：
_____
_____

本课评价：

评价维度	内容	得分			
		自我评价	组长评价	生生评价	老师评价
认知与品质（30分）	领会创新精神是中华民族最鲜明的禀赋，了解我国建设创新型国家的目标				
态度与情感（30分）	感悟中华民族是富有创新精神的民族，增强爱国情感、民族自豪感和自尊心，理解创新的重要性				
运用与行动（40分）	学会立足实践进行创新活动，在创新实践中增长才干				
合计					

自我评价：优秀(90－100分)　　良好(75－89分)　　合格(60－74分)　　待提高(0－59分)

组长评价：优秀(90－100分)　　良好(75－89分)　　合格(60－74分)　　待提高(0－59分)

生生评价：优秀(90－100分)　　良好(75－89分)　　合格(60－74分)　　待提高(0－59分)

老师评价：优秀(90－100分)　　良好(75－89分)　　合格(60－74分)　　待提高(0－59分)

校外寄语：_____
_____

信息资讯

习言习语

中国坚定奉行互利共赢的开放战略，愿同世界各国一道，携手促进科技创新，推动科学技术更好造福各国人民。

——2023年5月25日，习近平致2023中关村论坛的贺信

只有创新才能自强、才能争先，要坚定不移走自主创新道路，把创新发展主动权牢牢掌握在自己手中。

——2021年4月25日至27日，习近平在广西考察时的讲话

我们国家进入科技发展第一方阵要靠创新，一味跟跑是行不通的，必须加快科技自立自强步伐。要坚持创新在现代化建设全局中的核心地位，把创新作为一项国策，积极鼓励支持创新。创新不问"出身"，只要谁能为国家作贡献就支持谁。

——2021年3月22日至25日，习近平在福建考察时的讲话

好奇心是人的天性，对科学兴趣的引导和培养要从娃娃抓起，使他们更多了解科学知识，掌握科学方法，形成一大批具备科学家潜质的青少年群体。

——2020年9月11日，习近平主持召开科学家座谈会上的讲话

我们要坚持创新是第一动力、人才是第一资源的理念，实施创新驱动发展战略，完善国家创新体系，加快关键核心技术自主创新，为经济社会发展打造新引擎。

——2018年12月18日，习近平在庆祝改革开放40周年大会上的讲话

推荐网站

1. 央视网，网址：https：//www.cctv.com/。
2. 中国创新创业大赛官网，网址：http：//www.cxcyds.com/。

第四单元

坚持唯物史观　在奉献中实现人生价值

第 10 课
人类社会及其发展规律

 思维导图

- 第 10 课 人类社会及其发展规律
  - 人类社会的存在与发展
    - 物质生产活动是人类社会存在和发展的基础
      - 物质生产活动是人类社会赖以存在和发展的基础
      - 物质生产活动推动着人类社会的发展
    - 社会存在与社会意识的辩证关系
      - 社会生活由社会存在和社会意识两大部分构成
      - 社会存在决定社会意识，社会意识对社会存在具有反作用
  - 社会基本矛盾及其运动规律
    - 生产力与生产关系矛盾运动的规律
      - 生产力决定生产关系
      - 生产关系对生产力具有反作用
    - 经济基础与上层建筑矛盾运动的规律
      - 经济基础对上层建筑起决定作用
      - 上层建筑对经济基础具有巨大的反作用

126

第10课 人类社会及其发展规律

目标点击

1. 认识社会存在与社会意识的辩证关系，掌握物质生产活动是人类社会存在和发展的基础，正确认识生产劳动在人类社会发展中的作用，理解人类社会发展是有规律的。

2. 认同马克思主义揭示的人类社会历史发展规律，正确认识我国发展的新历史方位，认识到个人命运与国家社会发展紧密相连。

3. 关心国家发展，自觉承担社会责任，积极参加社会实践活动，以实际行动为实现中华民族伟大复兴贡献力量。

自主预习

观看视频《礼赞劳动者·劳动创造美好生活》，视频中从乡村振兴的田间地头到工业生产的各条战线，到处都是生机勃勃的劳动场景，到处都是幸福洋溢的笑脸。① 劳动让亿万民众对美好生活的向往正在一步步实现。同学们，让我们致敬劳动、致敬为我们创造美好生活的劳动者。深刻理解人类社会存在与发展离不开劳动生产。居安思危，初步思考本课总议题："如果停止了物质生产，人类社会将会怎样？"。

思考感悟

---

① 视频来源：央视网。

课堂探究

素质训练

选一选

1. （　　）是人类社会赖以存在和发展的基础。
   A. 物质生产活动　　　　　　B. 社会生产力发展
   C. 社会经济发展状况　　　　D. 个人实际情况

2. 物质生产的发展，源源不断地提供生产生活所需要的（　　），促进新的生活方式和社会交往方式的产生，推动经济发展，促进社会进步。
   A. 社会环境　　　　　　　　B. 物质资料
   C. 物质和精神产品　　　　　D. 生产关系

3. 历史观的基本问题是（　　）的关系问题。
   A. 生产力与生产关系　　　　B. 社会存在与社会意识
   C. 社会发展与个人发展　　　D. 社会发展与社会经济

4. 分析国际状况，我国提出经济全球化日益发展深化，世界各国成为合作共赢、互惠共享的人类命运共同体。但是也有某些发达国家依然主张单边主义、贸易保护主义、逆全球化。以下哪一条的陈述不适合？（　　）
   A. 社会经济和社会意识是各自独立的，没有任何关系
   B. 社会意识与社会存在的发展具有不完全同步性与不平衡性
   C. 某些经济水平相对落后的国家或地区，其社会意识的某些内容可以领先于经济发达的国家或地区
   D. 社会经济发展水平较高的国家或地区，其社会意识的发展水平未必都是高的

5. 人们在物质生产活动中会形成特定的生产方式，包括（　　）和（　　）。
   A. 经济基础　上层建筑　　　B. 生产力　物质产品
   C. 生产力　生产关系　　　　D. 生产方式　生产关系

6. （　　）是生产方式中最革命、最活跃的因素。
   A. 生产力　　　　　　　　　B. 生产关系
   C. 生产活动　　　　　　　　D. 社会关系

7. 经济基础与上层建筑的关系论述正确的是（　　）。

   A. 经济基础和上层建筑是互不相干的两个概念

   B. 经济基础决定上层建筑，上层建筑对经济基础具有反作用力

   C. 经济基础决定上层建筑，上层建筑对经济基础没有意义

   D. 上层建筑决定经济基础，经济基础反作用于上层建筑

8. 2024 年两会新词频出"新质生产力""新三样""宏观政策取向一致性""人工智能+""放心消费行动""高效办成一件事"，这些语言是随着我国社会发展的表现，也反过来促进经济快速发展。这说明（　　）。

   A. 社会存在决定社会意识　　　　B. 社会意识促进社会存在发展

   C. 社会存在与社会意识的辩证关系　　D. 社会文化的繁荣

9. 随着人工智能的发展，智能家居得到了飞速发展，智能电灯、智能锁、智能屏幕、智能音箱以及各种智能电器设备都开始出现在家庭生活中。智能家居提升和促进了家居生活的便利性、舒适性及安全性，实现更好更高效的居住环境和生活方式，提升人们的生活体验。这说明（　　）。

   A. 生产力的发展促进社会发展　　B. 经济基础的变化决定上层建筑的变化

   C. 上层建筑决定经济基础的发展　　D. 生产关系反作用于生产力

10. 自古以来，每次科学技术的发展及应用，对人类社会的发展都产生直接的影响，引发生产力的巨大进步和社会的深刻变革。20 世纪 40 年代诞生的计算机，在短短几十年中，经历了电子管、晶体管、中小规模集成电路、大规模和超大规模集成电路计算机几代的发展，性能提高了上百万倍；21 世纪研制的光学计算机，其信息处理速度又提高了上百万倍。现代信息技术革命促使国民经济各部门乃至社会管理出现自动化、信息化趋势。这段话的核心意思是（　　）。

    A. 生产力决定生产关系　　　　B. 生产关系反作用于生产力

    C. 科学技术是第一生产力　　　D. 经济发展是社会的必然

填一填

1. 请同学们阅读教材，完成填空学习内容

   （1）_____是人类社会赖以存在和发展的基础。

   （2）_____由社会存在和社会意识两大部分构成。社会存在与社会意识的关系问题，是_____的基本问题。

   （3）社会发展是在_____与生产关系、_____与上层建筑的矛盾运动中，即社会基本矛盾的不断产生、发展和解决中实现的。

   （4）社会存在决定_____。社会存在是社会意识内容的客观来源，社会意识是社会物质生活条件及其过程的主观反映。

   （5）生产力是人们改造自然，使之满足人的需要、促进人的发展的_____。其基本要素包括_____、劳动资料、劳动对象，其中，_____是最重要的劳动资料。生产关系是人们在物质生产活动过程中形成的经济关系，它由生产资料所有制关系、_____和产品分配关系构成。

2. 社会存在与社会意识的辩证关系

项　目	内　容
社会存在的概念	
社会意识的概念	
社会存在与社会意识的关系	

3. 生产力与生产关系矛盾运动的规律

生产力	概念		生产关系	概念	
	基本要素	决定→ ←反作用		基本内容	

议一议

1. 社会主义是干出来的,新时代是奋斗出来的

马克思曾指出:"任何一个民族,如果停止劳动,不用说一年,就是几个星期,也要灭亡。"党的十八大以来,习近平总书记多次礼赞劳动创造,讴歌劳模精神、劳动精神、工匠精神,勉励广大劳动者勤于创造、勇于奋斗。

结合伟人对劳动的论述,请思考物质生产活动对人类生存、发展的重要性。

2. 总书记的新质生产力"公开课"

2023年9月，习近平总书记在黑龙江考察期间首次提出"新质生产力"。2024年全国两会，"新质生产力"是备受关注的热词之一。那么，什么是新质生产力？概括地说，新质生产力是创新起主导作用，摆脱传统经济增长方式、生产力发展路径，具有高科技、高效能、高质量特征，符合新发展理念的先进生产力质态。新质生产力特点是创新，关键在质优，本质是先进生产力。

谈谈你对新质生产力的理解，发展新质生产力将会给社会发展带来怎样的影响？给青年人带来了怎样的激励和机遇呢？

活动演练

做一做

人类社会生活的美好变迁

美好的暑假刚刚过去,暑假里你去做了什么有意义的事情。是去品尝了舌尖上的美好生活,是去看了自己喜欢的电影,还是去祖国的大好河山走了走、看了看?

◎ 围绕分议题"人类社会的存在与发展",班级分组,各小组畅所欲言,说说自己美好的暑假生活吧。小组推荐代表讲述美好生活记录,思考:社会生活的构成两大部分是什么?这些美好生活是由什么决定的呢?

暑假生活纪实

> 说一说

生活在智能科技时代

人工智能（AI）已经成为当今科技领域的热门话题，它正在不断地改变我们的生活方式。从智能家居到自动驾驶汽车，从医疗诊断到智能助手，人工智能已经深入我们的日常生活中，给我们的学习、生活带来了很大的影响。

在生产力的基本要素中都渗透着科学技术，未来，在人工智能普遍推广下，我们的生活、出行、人际交往必然会受到巨大的影响。毋庸置疑，科学技术是第一生产力，但是科技带来的是否都是正向的社会发展呢，有没有什么不利的影响？说说我们的观点吧，希望通过我们的辩论能给未来人们在智能科技时代的生活提出一些好的建议。

◎ 围绕分议题，本班同学分成控辩两方，辩论科技给人们生活带来的利弊是什么。课前通过网络查询人工智能与未来人们生产、生活、学习的相关链接，准备素材。

我的辩论发言

实践营地

社会实践任务单

班级		小组成员		组长	
实践项目		实践方法		时间	
实践目的					
实践准备					
实践内容					

社会实践体会

评价维度	评 价 要 求	配分	得分
政治认同	坚持马克思主义世界观和方法论，领会中国特色社会主义理论体系，特别是习近平新时代中国特色社会主义思想，增进对伟大祖国、中华民族、中华文化、中国共产党、中国特色社会主义的认同，坚持社会主义核心价值体系，自觉培育和践行社会主义核心价值观	20	
职业精神	具有积极劳动态度和良好劳动习惯，具有正确职业理想、科学职业观念、良好职业道德和职业行为，具备理性思维、批判质疑、勇于探究的科学精神，能够正确认识和处理社会发展与个人成长的关系，并作出正确价值判断和行为选择，在社会实践中增长才干	20	
法治意识	具有社会主义法治观念、正确的权利义务观念，尊法学法守法用法，维护宪法尊严，自觉参与社会主义法治国家建设	20	
健全人格	具有积极心理品质和自尊自信、理性平和、积极向上的心态，能自我调节和管理情绪，做到自立自强、坚韧乐观，提高心理健康水平和职业心理素质	20	
公共参与	具有主人翁意识，坚持以人民为中心，能够有序参与公共事务、积极承担社会责任	20	
合计		100	

 **成长回眸**

我的认识：

我的提升：

我的行动：

本课评价：

评价维度	内　容	得分			
		自我评价	组长评价	生生评价	老师评价
认知与品质（30分）	认识社会存在与社会意识的辩证关系，掌握物质生产活动是人类社会存在和发展的基础，正确认识生产劳动在人类社会发展中的作用，理解人类社会发展是有规律的				
态度与情感（30分）	认同马克思主义揭示的人类社会历史发展规律，正确认识我国发展的新历史方位，认识到个人命运与国家社会发展紧密相连				
运用与行动（40分）	关心国家发展，自觉承担社会责任，积极参加社会实践活动，以实际行动为实现中华民族伟大复兴贡献力量				
	合计				

自我评价：优秀(90－100分)　　良好(75－89分)　　合格(60－74分)　　待提高(0－59分)

组长评价：优秀(90－100分)　　良好(75－89分)　　合格(60－74分)　　待提高(0－59分)

生生评价：优秀(90－100分)　　良好(75－89分)　　合格(60－74分)　　待提高(0－59分)

老师评价：优秀(90－100分)　　良好(75－89分)　　合格(60－74分)　　待提高(0－59分)

校外寄语：

信息资讯

习言习语

发展新质生产力不是忽视、放弃传统产业，要防止一哄而上、泡沫化，也不要搞一种模式。各地要坚持从实际出发，先立后破、因地制宜、分类指导，根据本地的资源禀赋、产业基础、科研条件等，有选择地推动新产业、新模式、新动能发展，用新技术改造提升传统产业，积极促进产业高端化、智能化、绿色化。

——2024年3月5日，习近平总书记在参加十四届全国人大二次会议江苏代表团审议时的讲话

要按照发展新质生产力要求，畅通教育、科技、人才的良性循环，完善人才培养引进、使用、合理流动的工作机制。要根据科技发展新趋势优化高等学校学科设置、人才培养模式，为发展新质生产力、推动高质量发展培养急需人才。

——2024年1月31日，习近平总书记在主持二十届中央政治局第十一次集体学习时的讲话

"不惰者，众善之师也。"在长期实践中，我们培育形成了爱岗敬业、争创一流、艰苦奋斗、勇于创新、淡泊名利、甘于奉献的劳模精神，崇尚劳动、热爱劳动、辛勤劳动、诚实劳动的劳动精神，执着专注、精益求精、一丝不苟、追求卓越的工匠精神。

——2020年11月24日，习近平在全国劳动模范和先进工作者表彰大会上的讲话

我们一定要在全社会大力弘扬劳模精神、劳动精神，大力宣传劳动模范和其他典型的先进事迹，引导广大人民群众树立辛勤劳动、诚实劳动、创造性劳动的理念，让劳动光荣、创造伟大成为铿锵的时代强音，让劳动最光荣、劳动最崇高、劳动最伟大、劳动最美丽蔚然成风。

——2015年4月28日，习近平在庆祝"五一"国际劳动节暨表彰全国劳动模范和先进工作者大会上的讲话

我们提出进行全面深化改革，就是要适应我国社会基本矛盾运动的变化来推进社会发展。社会基本矛盾总是不断发展的，所以调整生产关系、完善上层建筑需要相应地不断进行下去。改革开放只有进行时、没有完成时。这是历史唯物主义态度。

——2013年12月3日，习近平在第十八届中央政治局第十一次集体学习时的讲话

推荐网站

1. 哲学中国网，网址：http：//www.philosophy.org.cn/。
2. 学习强国，网址：https：//www.xuexi.cn/。

第 11 课 社会历史的主体

思维导图

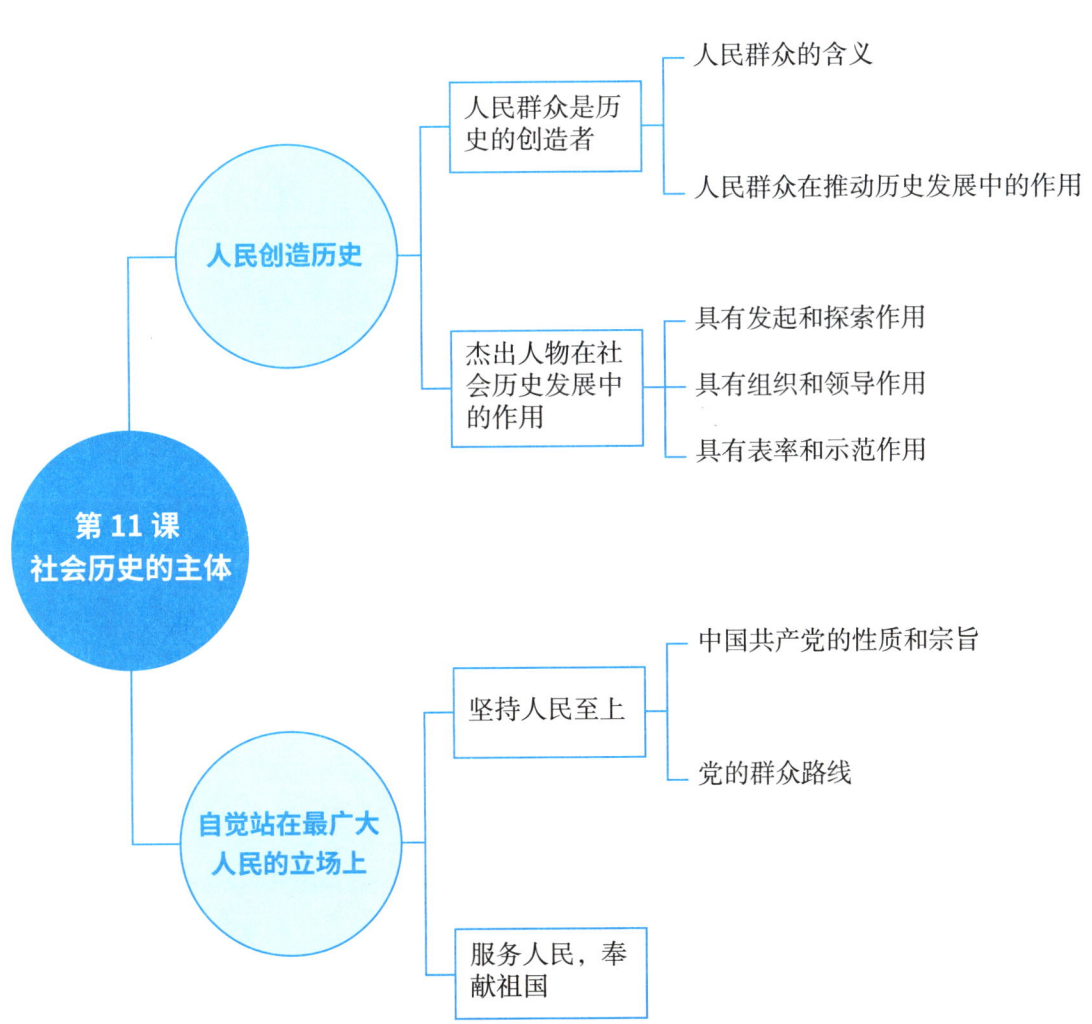

 **目标点击**

1. 了解人民群众创造历史和杰出人物在社会历史发展中的作用，理解中国共产党的性质和宗旨、党的群众路线，懂得以人民为中心的重要性。

2. 增强对人民的深厚感情，自觉投身为人民服务的伟大实践中，奉献祖国，争做堪当民族复兴重任的时代青年。

3. 能运用所学专业分析解决社会实际问题，能用专业技能服务社会，在参与公共事务中担当社会责任。

 **自主预习**

观看纪录片《我们一起走过——致敬改革开放40周年》，思考总议题：为什么说人民群众是历史的创造者？①

学习感悟

———

① 视频来源：央视网。

课堂探究

素质训练

选一选

1. 2023年中央经济工作会议指出，要做好重要民生商品保供稳价，保障农民工工资按时足额发放，关心困难群众生产生活，深入落实安全生产责任制，守护好人民群众生命财产安全和身体健康。这是因为（　　）。

    ①人民群众创造的财富是人类社会存在和发展的基础

    ②自觉站在最广大人民的立场上才能作出正确的价值判断

    ③人民群众是社会历史的主体，是历史的创造者

    ④群众观点是我们制定路线、方针、政策的出发点

    A. ①②　　　　　　　　　　B. ①③

    C. ②③　　　　　　　　　　D. ③④

2. 第二批学习贯彻习近平新时代中国特色社会主义思想主题教育层级下移，这就要求广大党员干部更要把功夫下在解决实际问题上，用好"一线工作法"。"一线工作法"就是到一线开展工作的方法。到项目建设一线、乡村振兴一线、服务群众一线，问需于民，关心群众疾苦，聚焦群众急难愁盼问题，积极化解信访积案，密切党群干群关系。用好"一线工作法"是因为（　　）。

    A. 社会历史是由普通人的实践构成的，他们是历史的创造者

    B. 物质生活资料的生产活动是人类社会存在和发展的基础

    C. 群众是我们力量的源泉，群众路线和群众观点是我们的传家宝

    D. 群众路线和群众观点是无产阶级政党的根本立场和根本观点

3. "一带一路"是立足于人类前途命运以及中国和世界发展大势，促进全球共同繁荣、构建人类命运共同体的重大战略主张和合作平台。自提出以来，"一带一路"建设硕果累累，共建国家人民砥砺奋进，面貌焕然一新。"一带一路"建设从构想到现实蕴含的哲学道理有（　　）。

    ①社会存在决定社会意识，社会意识具有相对独立性

    ②当先进上层建筑为经济基础服务时，就能促进生产力发展

③国家战略往往是推动经济社会发展的根本动力

④人民群众是推动社会历史发展的决定力量

A. ①③
B. ①④
C. ②③
D. ②④

4. 习近平总书记多次强调："江山就是人民，人民就是江山，打江山、守江山，守的是人民的心。"人民是党的执政之基、力量之源。立足中华民族伟大复兴战略全局和世界百年未有之大变局，必须深刻领悟习近平总书记的这一重要论述，在坚持人民至上、守住人民的心的过程中，巩固我们党长期执政的群众基础，永葆百年大党的蓬勃生机与旺盛活力。"人民至上"的哲学依据是（   ）。

①人民群众是社会存在和发展的基础

②人民群众是社会历史的创造者

③群众观点是马克思主义哲学的核心观点

④群众路线是党的生命线和根本工作路线

A. ①②
B. ①③
C. ②④
D. ③④

5. 习近平总书记指出，要坚决防止和克服形式主义、官僚主义，实实在在抓好理论学习和调查研究，实实在在检视整改突出问题，实实在在办好惠民利民实事，用实干推动发展、取信于民。习近平总书记强调主题教育要实实在在办好惠民利民实事是基于（   ）。

A. 人民群众是物质财富的创造者

B. 群众路线是党制定政策的出发点

C. 党的根基在人民、血脉在人民

D. 人民群众是全部社会生活的本质

6. 近年来，随着汽车工业的发展和技术进步，汽车产品质量不断提升，私家车车主车辆保养意识也不断增强，社会各界普遍呼吁放宽私家车检验周期。为积极回应群众期待，适应汽车产业发展、交通安全和大气污染防控形势，公安部、国家市场监管总局等四部门发布深化车检改革新措施，推出了优化私家车检验周期、推进网上预约检验等一系列便民利民措施。由材料可知，（   ）。

①经济基础的变化迟早会引起上层建筑的变化

②改革是推动社会主义社会发展的根本动力

③每一种生产关系都会产生相对应的上层建筑

④解决社会矛盾应该坚持群众观点和群众路线

A. ②③　　　　　　　　　　　　B. ①②

C. ①④　　　　　　　　　　　　D. ③④

7. 绍兴市上虞区公安分局在公安户政、出入境、车管所等政务服务大厅设立"办不成事"反映窗口，专治"疑难杂症"、专接"烫手山芋"、专办"办不成事"，让企业、群众办事不白跑、不多跑。从历史唯物主义角度来看，设立"办不成事"反映窗口（　　）。

①体现了党的全心全意为人民服务的宗旨

②彰显了人民群众是社会历史的主体

③佐证了人民群众是社会变革的决定力量

④坚持了党的群众观点和群众路线

A. ①②　　　　　　　　　　　　B. ①③

C. ②④　　　　　　　　　　　　D. ③④

8. 漫画《退休前后》（作者：何青云）告诫为官者要（　　）。

①辩证地对待赞美　　　　　②全面地接受批评

③坚持群众路线　　　　　　④否定个人利益

A. ①③　　　　　　　　　　　　B. ①④

C. ②③　　　　　　　　　　　　D. ②④

9. 宣传党的路线、方针、政策下基层，调查研究下基层，信访接待下基层，现场办公下基层——"四下基层"是习近平同志在福建宁德工作时大力倡导并身体力行形成的工作方法和工作制度。"四下基层"（　　）。

①说明社会生活在本质上是实践的

②生动诠释了党的群众观点与群众工作的有机统一

③体现了人民的意愿是我们党全部工作的出发点和落脚点

④说明从群众中来到群众中去是我们党的生命线和根本工作路线

A. ①②　　　　　　　　　　　　B. ①④

C. ②③　　　　　　　　　　　　D. ③④

10. 牢记"国之大者",对国之大者心中有数,体现了我们党治国理政的新理念新要求。党的百年历史充分证明,依靠人民求胜利,是中国共产党人的重要传家宝。下列各项能体现这个"传家宝"的是( )。

①依靠人民才能为实现中华民族伟大复兴凝聚磅礴力量
②满足人民对美好生活的向往是中国共产党的奋斗目标
③尊重人民主体地位和首创精神是成就伟大事业的法宝
④党的全部工作必须以人民的利益为出发点和落脚点

A. ①② B. ①③
C. ②④ D. ③④

填一填

1. 请同学们阅读教材,完成填空学习内容

(1) 人民群众是指一切对_____起推动作用的人。

(2) 为什么说人民是历史的创造者?人民群众是_____的创造者,人民群众是_____的创造者,人民群众是_____的决定力量。

(3) 杰出人物在历史发展中具有什么作用?杰出人物在历史发展中具有发起和_____作用;杰出人物在历史发展中具有组织和_____作用;杰出人物在历史发展中具有表率和_____作用。

(4) 中国共产党始终坚持_____路线,真正把以_____为中心落到实处。党的群众路线是_____。_____是党的生命线和根本工作路线。

(5) 新时代青年如何更好地服务人民、奉献祖国?新时代青年要担当时代责任。广大青年要肩负历史使命,坚定前进信心,立大志、明大德、成大才、担大任,努力成为堪当_____重任的时代新人。

新时代青年要与人民同呼吸、共命运。我们应牢固树立_____的崇高理想,把人民的期盼和需要作为自己的奋斗目标,自觉把小我融入人民的大我之中。

新时代青年要自觉投身服务人民的伟大实践,同人民群众一起拼搏。

2. 人民群众和杰出人物在社会历史发展中所起的作用

	人民群众	杰出人物
含义		
所起的作用		
如何历史地、辩证地看待人民群众和杰出人物在社会历史发展中的重要作用		

3. 党的性质和宗旨与党的初心使命、群众路线的关系

	党的性质	党的宗旨	党的初心使命	党的群众路线
内涵辨析				
相互之间的联系				

议一议

1. 北京冬奥会创造了无数个"首次""最""第一",成为世界冰雪运动发展的里程碑。以奋斗姿态,赴冰雪之约,各行各业劳动者在各自岗位上默默奉献、辛勤付出,为北京冬奥会成功举办提供了坚实的保障。专业制冰师用高超的技艺为冰场做好维护,给奥运健儿们提供理想的训练和比赛条件。高山滑雪机动运维班在陡峭的雪道旁加强巡检以保证比赛设备正常供电。各种冰雪文创产品层出不穷,深受大家的喜爱。

请结合以上材料议一议:各行各业的劳动者是如何助力北京冬奥会成功举办的?人民群众在社会建设中发挥了哪些作用?

2. 技校钳焊专业毕业的方文墨,经过不懈努力,成长为中航工业首席技能专家,他创造的"0.003毫米加工公差"被称为"文墨精度",相当于头发丝的二十五分之一。他带领的"文墨班组"为我们国家航空武器装备航母舰载战斗机的生产作出了卓越贡献,用青春托起国产战机的新高度。

请结合以上材料议一议:青年人应如何将个人的发展与祖国的发展、人民的需要结合起来?

活动演练

做一做

人民群众是历史的创造者,创造了社会物质财富和精神财富。改革开放以后,从实行家庭联产承包、乡镇企业异军突起到农村承包地"三权"分置、打赢脱贫攻坚战,从兴办深圳等经济特区到加入世界贸易组织,从搞好国营大中小企业、发展个体私营经济到深化国资国企改革、发展混合所有制经济……我们党紧紧依靠人民,创造了令世界惊叹的"中国奇迹"。

◎ 围绕分议题"人民群众是历史的创造者,杰出人物在社会历史发展中发挥重要作用",请你以"谁是最可爱的人"为主题,从"党史、新中国史、改革开放史、社会主义发展史、中华民族发展史"中查找人民群众、杰出人物在社会历史发展中的典型事迹,通过讲故事的形式与同学们分享。

榜样典型案例

> 说一说

青年兴则国家兴，青年强则国家强，一个国家的进步刻印着青年的足迹，而一个民族的未来也同样寄希望于青年的力量。在我们的国家，有许许多多这样可爱的青年，把他们最清澈的爱献给了祖国和人民。大山的女儿黄文秀的事迹我们并不陌生，她名校研究生毕业后，放弃留在大城市的高薪工作机会，毅然决定回到革命老区百色，在自己接受教育资助走出大山的贫困家乡继续追梦；奔赴偏远的贫困山村担任驻村第一书记，将扶贫当作自己"心中的长征"，却不幸在途中被突发的山洪夺走了宝贵的生命……

◎ 围绕分议题"新时代青年该如何担当时代责任？"，开展"穿越时空的对话"活动，以"写给先烈的信"的形式，探讨作为新时代青年，你准备如何自觉投身服务人民的伟大实践，在祖国最需要的地方绽放青春之花。

写给先烈的信

实践营地

社会实践任务单

班级		小组成员		组长	
实践项目		实践方法		时间	
实践目的					
实践准备					
实践内容					

社会实践体会

评价维度	评价要求	配分	得分
政治认同	坚持马克思主义世界观和方法论，领会中国特色社会主义理论体系，特别是习近平新时代中国特色社会主义思想，增进对伟大祖国、中华民族、中华文化、中国共产党、中国特色社会主义的认同，坚持社会主义核心价值体系，自觉培育和践行社会主义核心价值观	20	
职业精神	具有积极劳动态度和良好劳动习惯，具有正确职业理想、科学职业观念、良好职业道德和职业行为，具备理性思维、批判质疑、勇于探究的科学精神，能够正确认识和处理社会发展与个人成长的关系，并作出正确价值判断和行为选择，在社会实践中增长才干	20	
法治意识	具有社会主义法治观念、正确的权利义务观念，尊法学法守法用法，维护宪法尊严，自觉参与社会主义法治国家建设	20	
健全人格	具有积极心理品质和自尊自信、理性平和、积极向上的心态，能自我调节和管理情绪，做到自立自强、坚韧乐观，提高心理健康水平和职业心理素质	20	
公共参与	具有主人翁意识，坚持以人民为中心，能够有序参与公共事务、积极承担社会责任	20	
合计		100	

 **成长回眸**

我的认识：

我的提升：

我的行动：

本课评价：

评价维度	内　容	得分			
		自我评价	组长评价	生生评价	老师评价
认知与品质（30分）	了解人民群众创造历史和杰出人物在社会历史发展中的作用，理解中国共产党的性质和宗旨、党的群众路线，懂得以人民为中心的重要性				
态度与情感（30分）	增强对人民的深厚感情，自觉投身为人民服务的伟大实践中，奉献祖国，争做堪当民族复兴重任的时代青年				
运用与行动（40分）	能运用所学专业知识分析解决社会实际问题，能用专业技能服务社会，在参与公共事务中担当社会责任				
合计					

自我评价：优秀(90-100分)　良好(75-89分)　合格(60-74分)　待提高(0-59分)

组长评价：优秀(90-100分)　良好(75-89分)　合格(60-74分)　待提高(0-59分)

生生评价：优秀(90-100分)　良好(75-89分)　合格(60-74分)　待提高(0-59分)

老师评价：优秀(90-100分)　良好(75-89分)　合格(60-74分)　待提高(0-59分)

校外寄语：

信息资讯

习言习语

我国工人阶级和广大劳动群众与祖国同成长、与时代齐奋进，奏响了"咱们工人有力量"的主旋律，各条战线英雄辈出、群星灿烂。特别是进入新时代以来，我国工人阶级和广大劳动群众在实现中国梦伟大进程中拼搏奋斗、争创一流、勇攀高峰，为决胜全面建成小康社会、决战脱贫攻坚发挥了主力军作用，用智慧和汗水营造了劳动光荣、知识崇高、人才宝贵、创造伟大的社会风尚，谱写了"中国梦·劳动美"的新篇章。

——2020年11月24日，习近平在全国劳动模范和先进工作者表彰大会上的讲话

新中国70年何等辉煌！中国共产党领导中国人民实现了一个又一个"不可能"，创造了一个又一个难以置信的奇迹。奇迹是干出来的，社会主义是干出来的。中国共产党和中国人民有雄心、有自信继续奋斗，朝着实现"两个一百年"奋斗目标、实现中华民族伟大复兴的中国梦奋勇前进。实践充分证明，中国人民一定能，中国一定行。

——2019年9月25日，习近平出席投运仪式并宣布北京大兴国际机场正式投入运营时强调

人民是历史的创造者，人民是真正的英雄。波澜壮阔的中华民族发展史是中国人民书写的！博大精深的中华文明是中国人民创造的！历久弥新的中华民族精神是中国人民培育的！中华民族迎来了从站起来、富起来到强起来的伟大飞跃是中国人民奋斗出来的！

——2018年3月20日，习近平在第十三届全国人民代表大会第一次会议上的讲话

> **推荐网站**
>
> 1. 中国共产党新闻网，网址：http://cpc.people.com.cn/。
> 2. 习近平系列重要讲话数据库，网址：http://jhsjk.people.cn/。

第 12 课
实现人生价值

 思维导图

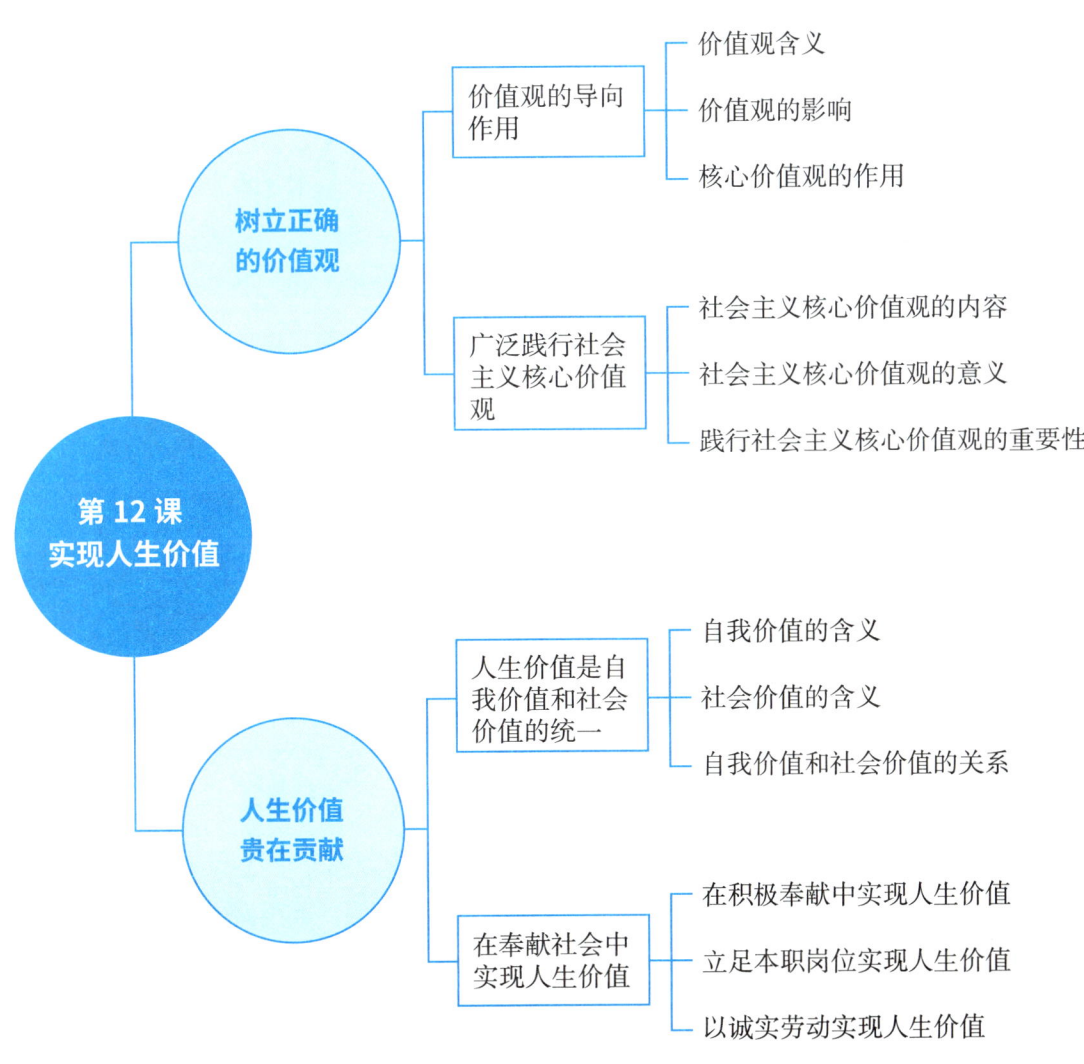

目标点击

1. 了解价值观对人们行为具有导向作用,理解个人价值与社会价值的关系。
2. 培育和践行社会主义核心价值观,在奉献社会中实现人生价值。
3. 坚定通过职业发展实现人生出彩的信心,树立正确的劳动观,自觉立足本职岗位,勇做走在时代前列的奋进者、开拓者、奉献者。

自主预习

观看视频《庆祝成立中国共青团百年宣传片主题曲〈有我〉》,初步思考总议题:怎样才能不负青春?

学习感悟

课堂探究

—— 素质训练 ——

选一选

1. 人生观是人们关于（　　）等问题的根本观点。
   ① 人生目的　　② 人生态度　　③ 人生价值　　④ 人生信仰
   A. ①②③　　B. ②③④　　C. ①③④　　D. ①②④

2. 没有核心价值观，一个国家、一个民族就没有凝聚力、向心力和发展动力，就会成为一盘散沙和空中浮萍。关于核心价值观以下说法错误的是（　　）。
   A. 是一个民族赖以维系的精神纽带
   B. 承载着一个民族、一个国家的精神追求
   C. 体现着一个社会评判是非曲直的标准
   D. 是人人都认可的价值观

3. 下列哪个选项是社会主义核心价值观中个人层面的内容？（　　）
   A. 富强、民主、文明、和谐
   B. 自由、平等、公正、法治
   C. 爱国、敬业、诚信、友善
   D. 明大德、守公德、严私德

4. 习近平总书记强调，青少年阶段是人生的"拔节孕穗期"，最需要精心引导和栽培；要给学生心灵埋下真善美的种子，引导学生扣好人生第一粒扣子。下列说法错误的是（　　）。
   A. 价值观教育是青少年健康成长的必修课
   B. 青少年的价值观一旦形成就会固定不变
   C. 用社会主义核心价值观为青少年培根铸魂
   D. 正确价值观是青少年走好人生路的重要向导

5. 志愿者，是城市的一道亮丽名片，无论是2008北京奥运会志愿者，还是2022北京冬奥会志愿者，他们的出现及志愿服务体现的是（　　）。
   A. 个人要全面提高思想道德素质
   B. 社会要为个人提供财富和服务
   C. 社会要注重对个人的尊重和满足
   D. 个人对社会尽责任、做贡献

6. 社会主义核心价值观回答了以下哪些问题？（　　）

　　①建设什么样的国家　　　　　　②建设什么样的社会

　　③培育什么样的公民　　　　　　④怎样立德树人

　　A. ②③④　　　B. ①②③　　　C. ①②④　　　D. ①③④

7. 2010 年中国年度公益人物 L 说："公益不应该仅仅是出现灾难的时候的援手，更应该成为我们的生活态度。用公益的思维去生活，你会惊喜地发现生活处处皆公益。"这表明（　　）。

　　A. 个人素质越高，人生价值越大

　　B. 人生价值的实现取决于人的心态

　　C. 拥有高尚思想才能实现人生价值

　　D. 正确的价值观可以转化为服务于社会的现实

8. 张伯礼在获得"人民英雄"国家荣誉称号后说，这是"给全体医护人员和中医药人的荣誉，我感到无上荣光""作为个人，我得把荣誉珍藏起来，继续做一个普通医生该干的事"。张伯礼的话告诉我们（　　）。

　　A. 要立足岗位，在劳动奉献中实现人生价值

　　B. 个人价值比社会价值更重要

　　C. 获得荣誉是实现人生价值的最好证明

　　D. 人生价值是否实现要看社会对你是否认可

9. 著名文学家高尔基曾经说过："人的天赋就像火花，它既可以熄灭，也可以燃烧起来。而逼使它燃烧成熊熊大火的方法只有一个，就是劳动，再劳动。"从人生价值观的角度来看，以下正确的是（　　）。

　　A. 实践出真知　　　　　　　　B. 实践是检验认识的真理性的唯一标准

　　C. 劳动是实现人生价值的必由之路　　D. 通过劳动能提高自身的素质

10. "如果你是一滴水，你就得滋润大地；如果你是一缕阳光，你就得照亮黑暗；如果你是一粒粮食，你就得哺育生命。"这其中的道理是（　　）。

　　A. 通过奋斗可以证明自身价值　　　　B. 在实现自我中走向成功

　　C. 劳动一定创造价值　　　　　　　　D. 人的价值是自我价值和社会价值的统一

填一填

1. 请同学们阅读教材，完成填空学习内容

   (1) 在一定社会的各种价值观中，居于核心地位、起主导作用的价值观是_____。
   (2) 核心价值观承载着一个民族、一个国家的_____，体现着一个社会评判_____的标准，是一个民族赖以维系的_____，是一个国家共同的_____，是最持久、最深层的_____。
   (3) 立足_____实现人生价值。任何人只要在本职岗位上_____、_____，就应该对他的人生价值给予积极肯定的评价。
   (4) 新时代青年要将社会主义核心价值观转化为人生的_____，使其成为一言一行的_____、日常的_____，切实做到_____。
   (5) 人生价值包括人生的_____和_____两个方面。_____是人的根本价值。

2. 填写下表，探讨个人价值和社会价值之间的关系

	个人价值	社会价值
含义		
特点		
二者关系		

3. 根据提示，填写社会主义核心价值观相关内容

	社会主义核心价值观
国家层面内容	
社会层面内容	
个人层面内容	
回答什么问题	
告诉我们什么	
作用	

议一议

1. 2022年感动中国十大人物之一邓小岚，从2004年起开始在阜平县马兰村义务支教，为村里的孩子义务教授音乐课程。每年一半的时间放在马兰村，18年来从未间断。2022年，马兰村所在的阜平县城南庄镇上的44个孩子组成的"马兰花合唱团"登上了2022北京冬奥会开幕式的舞台。而邓小岚于2022年病逝。她把自己留给一座小山村，把山村的孩子送上最绚丽的舞台，她在这里出生，也在这里离开。山花烂漫，杨柳依依，为什么孩子的歌声如此动人？因为她对这片土地爱得深沉。

请结合材料，谈谈为何要树立正确的价值观。

2. 2024年2月，娃哈哈集团创始人宗庆后因医治无效，在杭州逝世，享年79岁。三次问鼎中国首富之位的他，曾经被人亲切地称作"布鞋首富"，因为他穿着布鞋奔走半生，始终把"造福百姓，先富带动后富"的企业家精神当作人生信条。宗庆后被视为中国一代企业家的代表，在改革开放的时代变革中，他们胆大心细、拥有坚定的信念和事必躬亲的个人努力；他们追求产业报国、与时代同行，同时不忘回馈社会、促进共同富裕。

请结合材料，说说怎样实现人生的价值。

活动演练

做一做

社会主义核心价值观舞台剧

习近平总书记指出："对一个民族、一个国家来说，最持久、最深层的力量是全社会共同认可的核心价值观。核心价值观，承载着一个民族、一个国家的精神追求，体现着一个社会评判是非曲直的价值标准。"社会主义核心价值观是当代中国社会价值秩序的关键要素，是当代中国文化软实力的核心要义。

◎ 围绕分议题"如何践行社会主义核心价值观？"，请同学以小组为单位，把"社会主义核心价值观"具体内容内化于心、外化于行。选择国家、社会、个人层面的核心关键词，发挥想象力与创造力，以小组为单位编写演艺表演剧本并排练社会主义核心价值观舞台剧。

演艺表演剧本

说一说

不负青春,强国有我

习近平总书记在庆祝中国共产党成立 100 周年大会上发表的重要讲话中强调,未来属于青年,希望寄予青年。新时代的中国青年要以实现中华民族伟大复兴为己任,增强做中国人的志气、骨气、底气,不负时代,不负韶华,不负党和人民的殷切期望。青年一代有理想、有担当,国家就有前途,民族就有希望,就像梁启超先生所说的"故今日之责任,不在他人,而全在我少年。少年智则国智,少年富则国富,少年强则国强"。

◎ 围绕分议题"为什么人的价值贵在贡献",请同学们认真思考:青春应该怎样度过?选择做哪些有意义的事情?要成为什么样的人?怎样的青春才不算虚度?郑重写下自己的青春誓言,全班同学一起完成"不负青春,强国有我"宣誓签名活动。

青春宣誓誓言

实践营地

社会实践任务单

班级		小组成员		组长	
实践项目		实践方法		时间	
实践目的					
实践准备					
实践内容					

社会实践体会

评价维度	评价要求	配分	得分
政治认同	坚持马克思主义世界观和方法论，领会中国特色社会主义理论体系，特别是习近平新时代中国特色社会主义思想，增进对伟大祖国、中华民族、中华文化、中国共产党、中国特色社会主义的认同，坚持社会主义核心价值体系，自觉培育和践行社会主义核心价值观	20	
职业精神	具有积极劳动态度和良好劳动习惯，具有正确职业理想、科学职业观念、良好职业道德和职业行为，具备理性思维、批判质疑、勇于探究的科学精神，能够正确认识和处理社会发展与个人成长的关系，并作出正确价值判断和行为选择，在社会实践中增长才干	20	
法治意识	具有社会主义法治观念、正确的权利义务观念，尊法学法守法用法，维护宪法尊严，自觉参与社会主义法治国家建设	20	
健全人格	具有积极心理品质和自尊自信、理性平和、积极向上的心态，能自我调节和管理情绪，做到自立自强、坚韧乐观，提高心理健康水平和职业心理素质	20	
公共参与	具有主人翁意识，坚持以人民为中心，能够有序参与公共事务、积极承担社会责任	20	
合计		100	

 **成长回眸**

我的认识：

_____

_____

我的提升：

_____

_____

我的行动：

_____

_____

本课评价：

评价维度	内　容	得分			
		自我评价	组长评价	生生评价	老师评价
认知与品质（30分）	了解价值观对人们行为具有导向作用，理解个人价值与社会价值的关系				
态度与情感（30分）	培育和践行社会主义核心价值观，在奉献社会中实现人生价值				
运用与行动（40分）	坚定通过职业发展实现人生出彩的信心，树立正确的劳动观，自觉立足本职岗位，勇做走在时代前列的奋进者、开拓者、奉献者				
合计					

自我评价：优秀（90－100分）　　良好（75－89分）　　合格（60－74分）　　待提高（0－59分）

组长评价：优秀（90－100分）　　良好（75－89分）　　合格（60－74分）　　待提高（0－59分）

生生评价：优秀（90－100分）　　良好（75－89分）　　合格（60－74分）　　待提高（0－59分）

老师评价：优秀（90－100分）　　良好（75－89分）　　合格（60－74分）　　待提高（0－59分）

校外寄语：_____

_____

信息资讯

习言习语

青年人在求学期间，喜欢思考人生的价值是什么，青春应该在哪里用力、对谁用情、如何用心。

——2022年4月25日习近平总书记在中国人民大学考察时的讲话

青年志存高远，就能激发奋进潜力，青春岁月就不会像无舵之舟漂泊不定。正所谓"立志而圣则圣矣，立志而贤则贤矣"。青年的人生目标会有不同，职业选择也有差异，但只有把自己的小我融入祖国的大我、人民的大我之中，与时代同步伐、与人民共命运，才能更好实现人生价值、升华人生境界。

——2019年4月30日习近平总书记在纪念五四运动100周年大会上的讲话

广大青年既是追梦者，也是圆梦人。追梦需要激情和理想，圆梦需要奋斗和奉献。广大青年应该在奋斗中释放青春激情、追逐青春理想，以青春之我、奋斗之我，为民族复兴铺路架桥，为祖国建设添砖加瓦。

——2018年5月2日习近平总书记在北京大学师生座谈会上的讲话

当代中国青年要在感悟时代、紧跟时代中珍惜韶华，自觉按照党和人民的要求锤炼自己、提高自己，做到志存高远、德才并重、情理兼修、勇于开拓，在火热的青春中放飞人生梦想，在拼搏的青春中成就事业华章。

——2015年7月24日习近平总书记致全国青联十二届全委会和全国学联二十六大的贺信

要树立正确的世界观、人生观、价值观，掌握了这把总钥匙，再来看看社会万象、人生经历，一切是非、正误、主次，一切真假、善恶、美丑，自然就洞若观火、清澈明了，自然就能作出正确判断、作出正确选择。正所谓"千淘万漉虽辛苦，吹尽狂沙始到金"。

——2014年5月4日习近平总书记在北京大学师生座谈会上的讲话

推荐网站

1. 人民网，网址：http://www.people.com.cn/。
2. 求事网，网址：http://www.qstheory.cn/。
3. 学习强国，网址：https://www.xuexi.cn/。